U0159894

 2021

绿色建筑专家访谈

Interviews with Experts on Green Building（2021）

国际绿色建筑联盟　编著

中国建筑工业出版社

图书在版编目（CIP）数据

绿色建筑专家访谈．2021＝Interviews with
Experts on Green Building（2021）／国际绿色建筑联
盟编著．—北京：中国建筑工业出版社，2022.6
　　ISBN 978-7-112-27451-2

　　Ⅰ．①绿…　Ⅱ．①国…　Ⅲ．①生态建筑—建筑设计—
文集　Ⅳ．①TU201.5-53

中国版本图书馆CIP数据核字（2022）第094896号

在碳达峰、碳中和目标下，如何发展绿色建筑，使建筑行业减少排放，是一个亟须解决的问题。本书收集了仇保兴、周岚、缪昌文、崔愷、刘加平、孟建民、王建国、吴志强、岳清瑞、庄惟敏、李兴钢、冯正功、李玉国、刘少瑜、贺风春15位院士、大师、学者在绿色建筑研究与实践方面的访谈实录，对于建筑行业开展绿色建筑和生态城市建设领域的创新与实践具有一定的指导意义，希望能对早日实现碳达峰、碳中和目标作出贡献。本书适合建筑行业科研、管理、技术人员参考使用。

责任编辑：张　磊　万　李
版式设计：锋尚设计
责任校对：姜小莲

绿色建筑专家访谈（2021）
Interviews with Experts on Green Building (2021)
国际绿色建筑联盟　编著
＊
中国建筑工业出版社出版、发行（北京海淀三里河路9号）
各地新华书店、建筑书店经销
北京锋尚制版有限公司制版
北京富诚彩色印刷有限公司印刷
＊
开本：787毫米×1092毫米　1/16　印张：8¼　字数：120千字
2022年8月第一版　　2022年8月第一次印刷
定价：**75.00**元
ISBN 978-7-112-27451-2
　　（39121）

编写委员会

周 岚

江苏省住房和城乡建设厅厅长
全国政协委员
九三学社江苏省主委

缪昌文

中国工程院院士
国际绿色建筑联盟主席
东南大学学术委员会主任、教授
江苏省建筑科学研究院有限公司董事长

崔 愷

中国工程院院士
全国工程勘察设计大师
中国建筑设计研究院有限公司
名誉院长、总建筑师

岳清瑞

中国工程院院士
北京科技大学城镇化与城市安全
研究院院长

仇保兴

国务院参事
住房和城乡建设部原副部长
国际欧亚科学院院士

王建国

中国工程院院士
东南大学教授

刘加平

中国工程院院士
西安建筑科技大学教授
西安建筑科技大学设计研究总院院长
西部绿色建筑国家重点实验室主任

吴志强

中国工程院院士
同济大学教授

庄惟敏

中国工程院院士
全国工程勘察设计大师
清华大学建筑设计研究院有限公司
院长、总建筑师

李玉国

香港大学讲座教授
Indoor Air主编

刘少瑜

香港大学荣誉教授
深圳大学访问教授

孟建民

中国工程院院士
全国工程勘察设计大师
深圳市建筑设计研究总院有限公司
总建筑师

李兴钢

全国工程勘察设计大师
中国建筑设计研究院有限公司
总建筑师

贺风春

江苏省设计大师
苏州园林设计院有限公司董事长

冯正功

全国工程勘察设计大师
中衡设计集团股份有限公司
董事长、首席总建筑师

序一

2017年，中央城市工作会议提出建筑新八字方针：适用、经济、绿色、美观。其中，"绿色"是一个全新的理念。绿色建筑发展既契合国家绿色发展导向，也关注着人的安全、健康、便利等需求。江苏的绿色建筑工作一直秉承创新引领的目标，走在全国前列。江苏在全国率先发布实施了《江苏省绿色建筑发展条例》，为绿色建筑工作全面普及奠定了法制基础；出台了《江苏省政府关于促进建筑业改革发展的意见》等文件，构建了绿色建筑全寿命期闭合监管机制；编制了《绿色建筑设计标准》等地方标准，为高品质绿色建筑发展提供了技术支撑。

为进一步推动形成绿色发展方式和生活方式，深化绿色建筑国际交流合作，在江苏省住房和城乡建设厅的指导下，近10位院士、大师的支持下，国际绿色建筑联盟于2017年在南京成立，意在搭建绿色建筑发展的国际性交流合作平台，推进绿色建筑理念融通、技术联通、标准相通、人才互通。联盟成立了由近20位工程院院士、全国工程勘察设计大师、国内外知名学者组成的专家咨询委员会，得到了美国绿色建筑委员会、英国建筑科学研究院、法国能源环境署等国际组织的大力支持，组织了"智慧树——垂直社区的未来生活""碳中和未来生活创新设计"等国际竞赛，发布了《长三角区域绿色建筑高质量发展倡议》《"双碳"目标下绿色城乡建设的江苏倡议》，开展了"绿建访谈""名家话绿建"等主题活动，为推进绿色建筑、城乡建设绿色低碳发展提供决策参考。

2020年，习近平主席提出中国将提高国家自主贡献力度，采取更加有力的政策和措施，二氧化碳排放力争于2030年前达到峰值，努力争取2060年前实现碳中和。谋求低碳发展，共建人类命运共同体已成为社会共识。随着全球人口与建筑面积的持续增长，建筑行业能耗与碳排放量逐年攀升。实现碳达峰、碳中和目标，建筑业脱碳是重要一环。国际绿色建筑联盟邀请业内专家学者，开展"双碳"目标下绿色建筑发展相关主题访谈，并对访谈内容整理汇编成册，供业内参考。

作为一个国际性交流合作创新平台，国际绿色建筑联盟将更加广泛吸纳国内外著名高校、科研机构、知名企业、相关组织和个人代表，进一步深入开展国内外绿色建筑和城乡建设绿色低碳的联合与创新，加强研发、生产、设计、建造、运维等全行业各领域联动，共商共建共享绿色低碳发展新未来。

中国工程院院士
江苏省建筑科学研究院有限公司董事长
东南大学学术委员会主任
国际绿色建筑联盟主席、专家咨询委员会主任委员

序二

　　我多年来一直从事建筑学和现代城市设计的研究、项目实践和教学工作，在设计中秉承"生态优先"准则，调和城镇可持续发展与人、社会、环境文脉的一致性。近年来，我持续关注绿色建筑的发展，参加了多项绿色建筑研究和设计实践，与绿色建筑结下了不解渊源。

　　绿色建筑的概念传入我国后，在政策推进、标准引领的指导下，进入蓬勃发展时期，出现了大量技术、产品、标识项目、示范工程，取得了丰硕成果，积累了成功经验。绿色建筑既是未来建筑学及其相关学科发展关注的主要焦点和关键科学领域，又与传统建筑文化有密不可分的关系。中华建筑文脉历时数千年，其传承不仅是弘扬中华文化、树立文化自信的要求，其蕴含的设计及营建智慧也能为当代我国绿色建筑的发展提供新的思路和技术手段。

　　2017年，我作为"十三五"国家重点研发计划"经济发达地区传承中华建筑文脉的绿色建筑体系"项目负责人，与多家科研、设计单位的多位专家、学者一起，基于我国经济发达地区的文化、经济、社会、自然特点，研究并提出了经济发达地区传承中华建筑文脉的绿色建筑理念和设计方法、关键技术、营建体系以及评价指标体系。放眼更大的范围，"十三五"国家重点研发计划中，多位院士大师牵头开展"基于多元文化的西部地域绿色建筑模式与技术体系""目标和效果导向的绿色建筑设计新方法及工具""地域气候适应型绿色公共建筑设计新方法与示范"等课题研究和项目实践，这些项目共同完成了系统构建我国绿色建筑体系的任务。

　　2019年，我和团队一起开展第十届江苏省园艺博览会博览园主展馆的创作设计，主展馆是园区内最主要的地标建筑和展览建筑，汲取了扬州当地山水建筑和园林特色的文化意象，以"别开林壑"之势表现扬州园林大开大合的格局之美。主要展厅采用现代木结构技术，最大程度简化人工装修，展现结构的自然之美。主要木构件均由工厂加工生产、现场装配建造，绿色建造方式有效提升施工效率、大大缩短工期，对绿色低碳可持续发展起到积极示范作用。

国际绿色建筑联盟由江苏率先发起成立，有其必然性和积极的意义。江苏绿色建筑工作起步较早，在全面推广绿色建筑的进程中取得了一系列丰硕的成果，绿色建筑工作走在全国前列。国际绿色建筑联盟与美国、英国、法国等国的相关机构在绿色建筑和生态城市发展领域开展广泛交流合作，对深化国际交流合作，实现共同发展有着十分重要的意义。

2019年，国际绿色建筑联盟专家咨询委员会成立，我作为第一批专家委员欣然受聘。这次我不仅接受了国际绿色建筑联盟的专访，分享了"双碳"背景下城市更新工作的观点，也受邀为《绿色建筑专家访谈（2021）》作序，甚感荣幸。希望国际绿色建筑联盟紧跟国际前沿趋势，不断拓展外延领域，在更大范围里团结、联动业内致力于绿色低碳发展的机构，为实现更美好的绿色愿景共同努力。

中国工程院院士
东南大学教授
国际绿色建筑联盟专家咨询委员会专家

目录

推动城乡建设绿色发展的 江苏实践与思考

周 岚
江苏省住房和城乡建设厅厅长
全国政协委员
九三学社江苏省主委

周岚厅长在绿色建筑、遗产保护、空间特色塑造等方面，既有理论，也有实践。围绕城乡建设绿色发展，著有《低碳时代的生态城市规划与建设》《集约型发展——江苏城乡规划建设的新选择》。主持的"环太湖地区绿色生态空间规划"获得国际城市与区域规划师学会"规划卓越奖"；"江苏可再生能源在建筑上的推广应用"获得联合国人居署"迪拜国际改善居住环境最佳范例奖"；"江苏省推进节约型城乡建设实践"获得"中国人居环境范例奖"；在第九届国际绿色建筑与建筑节能大会上，个人获得"绿色建筑实践奖"。

城乡建设是推动绿色发展、建设美丽中国的重要载体，是推动节能减排的重要战场。据《中国建筑能耗研究报告2020》：中国建筑建造和运行环节的碳排放占全国碳排放总量接近三成（约29%），若加上相关建材生产环节的碳排放，则建筑全生命周期的碳排放总量达到51.43亿吨，占比超过一半（约51%）。有鉴于城乡建设对绿色发展的重要性，2021年中共中央办公厅、国务院办公厅联合印发了《关于推动城乡建设绿色发展的意见》。

江苏人口密集、城镇密集、经济密集，是中国人口密度最高的省份，也是中国百万人口以上中心城市密度最高的省份，所有设区市（13个）都被评为"全国百强市"。江苏的省情特点，决定了我们建设发展的资源环境约束比兄弟省市要大得多。如何结合省情，探索高强度发展背景下的城乡建设绿色发展之道，是我们一直在致力思考和探索求解的现实问题。

值联合国人居署2008年在南京举办第4届世界城市论坛之际，江苏提出了"可持续人居家园HOME"的建设目标①。随后十多年来，江苏持续推动目标导向下的务实行动，通过久久为功的不懈努力，取得了绿色建筑发展的全国领先地位。到2020年底，江苏绿色建筑规模全国最大，累计面积超过8亿平方米，占全国总量20%以上；绿色建筑占新建建筑面积比例达到98.2%，比全国平均水平高22个百分点；有38个项目获得全国绿色建筑创新奖，数量全国最多；"江苏可再生能源在建筑上的推广应用"获得联合国人居署"迪拜国际改善居住环境最佳范例奖"；"江

---

① HOME 既是英文的家园涵义，也是江苏提出的可持续发展家园4方面内涵"社会和谐—Harmony、经济繁荣—Opulence、文化多元—Multi-culture、生态友好—Eco-friendliness"的英文首字母缩写，体现了江苏对可持续家园建设目标的理解和追求。

苏省推进节约型城乡建设实践"获得2011年度"中国人居环境范例奖"。

"不积跬步，无以至千里"。在工作推动过程中，我们从社会可接受、行业能操作、行动易复制的实践做起，一步一个台阶，积小胜为大胜，推动江苏城乡建设走上了不断进步的绿色发展之"梯"。**一是**有序渐进提高建筑节能标准。2008年将居住建筑节能标准提高到50%，2014年提高到65%，2021年进一步提高到75%。**二是**省级试点示范项目典型引路。2008年江苏设立建筑节能专项资金，支持绿色建筑项目示范，省财政累计安排资金超过22亿元，支持典型示范项目近千个。**三是**立法全面强制推广绿色建筑。2015年江苏出台了全国第一部绿色建筑地方法规——《江苏省绿色建筑发展条例》，规定所有新建民用建筑必须达到一星级以上绿色建筑标准，这为江苏绿色建筑实现跨越式发展起到了至关重要的法制保障作用。

在工作推动过程中，我们重视设计技术标准的支撑，科技研究成果创新的支持，以及绿色发展社会共识的达成。2015年，江苏在全国率先发布了《江苏省绿色建筑设计标准》；2021年又结合不断深化的绿色低碳实践，并呼应疫情后百姓对健康住宅的新要求，对关键条款进行了及时修订，该标准获得了全国标准创新一等奖。围绕绿色城乡建筑发展的科技创新，组织推动系列研究，江苏"绿色保障性住房关键技术研究与应用示范""现代木结构关键技术研究与工程应用""装配式混凝土结构创新与应用"等一批成果先后获得华夏建设科学技术奖一等奖、江苏省科学技术奖一等奖等奖项。同时，2008年以来，江苏每年举办"江苏省绿色建筑发展大会"，向社会宣传绿色发展理念和绿色建筑技术、产品和实践成果，参与人员来自亚洲、美洲、欧洲多个国家，参会人数累积逾万人。作为绿色建筑发展的领先实践者，2017年江苏又倡议发起成立"国际绿色建筑联盟"，推动围绕绿色建筑发展的更开放国际技术合作，形成支持绿色建筑发展的更广泛社会联盟。

以绿色建筑为发展支点，我们在此基础上进一步推动绿色发展的理念和实践，从建筑单体拓展延伸至住房和城乡建设全行业，乃至推动全社会集成实践绿色低碳建设发展。2009年，我们提请省政府办公厅转发了省住房城乡建设厅关于推进节约型城乡建设工作意见的通知，明确在全省推动节约型城乡建设"十项行动"。2021年4月，又在全行业率先出台《关于推进碳达峰目标下绿色城乡建设的指导意见》，将"10项行动"拓展为"22项重点任务"，推动城乡建设发展更"绿色"、更"低碳"。从2010年起，江苏开始推动省级绿色生态城区建设示范，支持在一定区域范围内集成推动绿色建筑规模化发展、集成实践节约型城乡建设行动，在省级层面政策推动和《绿色生态城区专项规划技术导则》《绿色城区规划建设标准》指引下，目前全省已有76个省级绿色生态城区建设示范，实现了苏南、苏中、苏北地区和全省设区市、县的全覆盖，在一定范围内集成展现了绿色建设发展的现实生动模样。

按照习近平总书记提出的"碳达峰、碳中和"重要指示要求，基于江苏推动城乡建设绿色发展的多年实践，下一步我们将从强化建筑全生命周期的"绿"、推动多维联动的"绿"，以及推动共建共享的"绿"三个方面，致力推动"双碳"目标的实现。

1．抓住四个关键环节，强化建筑全生命周期的"绿"

推动将绿色低碳发展理念落实到建筑全生命周期，包括规划设计、施工建造、运维管理和更新再利用等环节，从目前侧重建筑节能的设计、施工控制，向碳减排结果导向的建筑全生命周期系统管控转变。

一是向绿色建材生产环节延伸，通过"建筑设计选用绿色建材"的关键举措，建立对建材碳排放的管控制度，推动建立建材产品碳排放数据库，将建材产品的碳足迹"明码标示"，通过建筑设计选绿选优低碳建材，降低建材生产环节的碳排放。

二是加强建筑用能环节的管控，基于建筑用能的智慧监测数据，有序制定公布不同类型、不同年代建筑的能耗限额，推动机关办公建筑和大型公共建筑落实能耗公示制度，择机推动超能耗限额建筑的强制节能改造，控制建筑用能环节的碳排放总量。

三是降低建造环节的资源能源和人力消耗，大力推动装配式建筑发展，推动工业化建造方式、信息化建造手段、集约化建造管理和产业化建造过程，推动建造活动全过程、全要素、全产业链的绿色低碳转型升级。

四是延长建筑寿命避免大量拆除，稳步提高建筑设计使用年限，从而降低建筑全生命周期的碳排放。目前我国除"纪念性建筑和特别重要的建筑结构，设计使用年限为100年"外，绝大多数建筑的设计使用年限在50年及以下。应有序将居住建筑的设计使用年限提高到70年，与土地出让年限一致；将所有公共建筑的设计使用年限提高到100年，通过打造百年精品建筑，既降低建筑的碳排放，也推动城市发展品质的提升。

2．统筹自然科技文化等要素，推动多维联动的"绿"

科技创新是城乡建设领域碳达峰、碳中和的重要驱动力，同时，推动城乡建设绿色发展，也需要综合运用自然、科技、文化等关键要素，通过多学科的共同努力，多维联动、系统施策，共同达成推动"双碳"目标实现的综合解决方案。

一是重视"自然绿"，从中国"天人合一"传统智慧中汲取经验，吸收不同气候地区的传统民居绿色营建智慧，建设在地性、气候适应性建筑，最大限度利用自然采光、自然通风、自然植物，改善小气候、微循环。在建筑设计中优先选择被动式节能技术（Passive Design），在城市规划设计中重视生态廊道的建设和通风走廊的管控，不断改善并重构城市、建筑和自然的关系。

二是强调"科技绿"，要联合科技部门加强城乡建设领域碳达峰、碳中和关键技术和运用研究，集成运用绿色、数字、智慧等技术，形成可复制、可推广的绿色低碳综合解决方案：如光伏建筑一体化应用、建筑运行智慧化管理、建筑储能、区域能源微网等，推动建筑从用能、耗能场所变为储能，甚至产能空间。

三是关注"文化绿"，新时代中国的建筑方针已优化为"适用、经济、绿色、美观"，这就要求建筑师从过去关注建筑形式与美、功能、经济等，转向更加重视艺术与自然、技术的有机结合，通过与结构工程师、设备工程师等的携手合作，通过设计优化和技术集成，有效提升装配式构件、节能设备在建筑应用中的美学效果，使绿色低碳设备设施成为新型建筑材料、新型建筑美学的有机组成部分，更好实现建筑美学、使用舒适和节能减碳的综合效益。

3. 重视市场力量和社会监督，强化共建共享的"绿"

绿色低碳发展理念的全面落实，意味着原有发展方式的深刻转型，既需要城乡建设行业的转型升级，也需要全社会的共同支持推动。围绕价值观重塑，需要改变全社会重视数量规模，而对建筑全生命周期品质关注不够的现状，精心设计、建造百年建筑，并将绿色作为建筑品质的重要衡量；围绕机制建立，要推动建立基于建筑综合性能评价的优质优价制度，以绿色低碳宜居为导向引导市场和居民选择；围绕社会推动，要把绿色低碳建筑使用和绿色生活方式紧紧联系起来，推动建筑使用者的行为节能减碳，在生活水平提高的同时将节能低碳、绿色宜居作为装修改造、家电选择时的重要考量，在提高建筑绿色宜居水平的前提下降低建筑用能和碳排放。

一是要运用市场力量，建立基于建筑性能品质的优质优价制度，以绿色低碳宜居为导向建立建筑全生命周期的性能品质评价制度体系，改变简单控制房地产开发项目单价的办法，通过建立基于建筑性能品质的优质优价制度，让市场价格信号与建筑性能及品质相符，引导居民选择更绿色低碳、更健康宜居的建筑。普通房（按基础标准设计）项目价格稳定在合理区间，高性能品质住宅增加的建设成本单独计价。对于既有建筑和城市更新项目，应要求产权人在出售、出租、抵押房产时出具由第三方机构完成的建筑性能品质评估报告，将既有建筑性能品质（包括安全性能、节能品质等）与产权人的利益联系起来，运用市场力量推动全社会更加重视建筑的性能品质，进而推动减少粗放型发展中的大量拆改浪费。

二是要重视社会监督，建立基于建筑性能品质的公示公开制度。在建立建筑性能品质综合评价制度的基础上，推动建立建筑性能品质的社会公开和公示制度。如率先推动大型商业综合体的"建筑性能和健康数据公开"，将空气质量、绿色性能、安全状况等数据动态实时公告，以利全社会监督，并通过人民群众的"用脚投票"，让安全健康、绿色低碳的建筑更为社会选择和接受。

在推动城乡建设绿色发展的道路上，我们致力做习近平生态文明思想和绿色发展理念的行动者和实践者。"双碳"目标的实现需要全社会的共同努力，为了绘就绿色发展的美丽中国蓝图，我们将继续努力，奋力前行！

紧抓机遇
加快推动绿色低碳发展

缪昌文

中国工程院院士
国际绿色建筑联盟主席、专家咨询委员会主任委员
东南大学学术委员会主任、教授
江苏省建筑科学研究院有限公司董事长

缪昌文院士长期从事土木工程材料理论研究与工程技术应用研究，三十多年来一直活跃在我国重大工程建设项目的第一线。先后承担了包括国家"973"项目、自然科学基金重点资助项目等在内的国家、省部级科研项目30余项，在混凝土抗裂关键技术的研究、重大基础设施工程服役寿命及耐久性能提升技术的研究、多功能土木工程材料的研发等方面取得了多项成果，并成功通过了重大工程项目建设的检验，为我国工程建设事业作出了重大贡献。缪昌文院士先后获国家科技进步二等奖3项、省部级科技进步一等奖6项、国家发明专利82项，出版专著4部，发表论文200余篇，其中SCI、EI或ISTP收录150多篇，在国际上享有较高的声誉。

钢材和水泥是土木领域最重要的建筑材料。2020年，我国钢材生产量约13.25亿吨，建筑行业的消耗量大概占50%，也就是6亿多吨，按照吨钢碳排量1765公斤来折算，钢铁行业碳排放达到11.7亿吨。2020年我国生产的水泥有24.76亿吨，排放二氧化碳的量约为14.8亿吨。2020年中国碳排放总量100亿吨，钢铁和水泥碳排放占总量的26%左右。建筑与工业、交通并列为我国三个耗能大户，我国基础设施建设和运维过程中也会有大量能源消耗和二氧化碳排放。在碳达峰和碳中和的大战略背景下，土木工程领域面对着巨大的挑战。因此，实现碳中和目标，建筑行业是重中之重。建筑行业的碳中和过程，既是机遇又是挑战，该过程将会导致经济社会的重大转型，将会涉及广泛领域的大变革。

"十四五"规划纲要中明确提出要"加快绿色低碳发展"，大力发展"绿色建筑"和"绿色技术创新"，应紧抓这个机遇，加快发展绿色建造技术，加强绿色建筑建设。早在2011年，我任全国人大代表时就提出要发展绿色建筑。绿色建材是具有清洁生产、循环再生、节能降耗、无害健康等特性的建筑材料，开展"绿色建材"的研究和创新，也是实现绿色建筑的重要条件。

水泥、钢材等建筑材料的生产阶段，是建筑全过程中能耗和碳排放量最多的环节。目前，水泥基材料仍是我国工程建设的基础结构材料，在高速铁路、水电工程、公共设施、居民住宅中广泛使用，消耗量巨大。水泥基材料具有单位成本低、力学性能优异的特点，现在，碳中和目标对其绿色化、低碳化、长寿命提出了更高要求，所以，当务之急是要加快研究绿色低碳建筑材料关键技术。

围绕水泥基材料的绿色化、低碳化，需突破几个核心问题：一是研发基于大数据的全寿命周期的混凝土碳排放计算评价模型；二是研发焚烧垃圾飞灰、建筑垃圾、冶金废弃物和工业废石膏资源化综合利用新技术；三是研发高抗裂、高耐久性混凝土设计理论、制备技术和服役性能；四是研发面向特种环境服役的新型超高性能水泥基材料。

重大国防工程与民生基础设施建设还面临多重技术挑战，比如高紫外、长辐照、强磨损、高盐雾、重湿热等极端特殊环境的考验；工程建设主体材料的水泥混凝土收缩开裂的问题还比较突出；基础设施建筑物相关维护修补条件更加苛刻严峻；混凝土脆性问题亟待解决，急须研发系列关键功能材料等。我们团队承担了"973"项目"严酷环境混凝土材料与结构长寿命基础理论研究"，形成了一套先进的理论和技术，用以保障国家"一带一路"倡议、交通强国重大战略的推进。

在此建议，可通过现代混凝土全过程智能养护、控温减缩和协同调控技术，现代混凝土微结构调控与多尺度增韧，极端特殊环境下现代混凝土快速修补加固材料，现代混凝土抗裂性设计方法与性能提升关键技术等，大幅度提升海洋、盐湖等复杂环境下钢筋混凝土结构耐久性和服役寿命。我们团队研究的"混凝土抗裂技术"很好地解决了混凝土裂缝的问题，成果应用在三峡、深中通道、港珠澳大桥等重大基础设计建设中，保障了这些基础设施的安全性和耐久性。

我们团队在混凝土耐久性方面的研究长达三十余年。近年来，我们致力于研究严酷环境下混凝土材料的劣化机理与耐久性能提升。如今，我们已经形成了"隔、阻、缓、延"等多方面的成套的基于混凝土微结构的耐久性提升技术和相关理论。"隔"，我们设计了透气不透水的混凝土涂层，解决了传统涂层易鼓包、易开裂、易脱落的问题；"阻"，我们研发了混凝土侵蚀抑制材料，优化了混凝土孔结构，实现了毛细孔疏水，降低了混凝土吸水率与侵蚀介质的传输速率；"缓"，我们发明了适于多位点、强吸附的新型有机分子阻锈材料，使钢筋锈蚀临界氯离子浓度提升5倍；"延"，我们发明了钢筋脱钝靶向修复材料，实现了钢筋的再碱化与性能恢复，延长了混凝土结构的服役寿命。

如今，人工智能、纳米科技在建筑材料领域已得到迅速应用和发展，比如3D打印建筑、人工智能与骨料分类、纳米粒子微观增韧、微生物混凝土自愈合等。绿色化、智能化和结构功能一体化已成为建筑材料发展的重大需求，围绕混凝土行业智能制造及先进材料研发，可基于3D智能打印技术制备功能梯度混凝土材料；研发绿色智能搅拌站、智慧施工和质量管控成套技术装备；研发具有超韧性、超疏水、超保温等功能化混凝土超材料；研发纳米缓释技术，制备新一代超分散超高性能纳米混凝土等，形成智能土木工程材料的应用技术，促进土木工程向智能化方向发展。

这些新材料、新技术的研究和发明，把曾经的"不可能"变成了如今的"可能"，我们还要应用更多先进的土木工程新材料，注重与绿色节能的结合，更好地服务于国家重点基础设施建设。实现建筑行业碳中和的目标，更需要与能源结构改革、产业结构转型、消费结构升级等国家重大方针结合。必须坚持市场导向，鼓励竞争，稳步推进。建筑行业自身应加大研发力度，加快相关领域技术和产业的迭代进步速度。此外，碳中和过程中，行业的协调共进极其重要，"减碳""脱碳"等过程可能增加相关行业的额外成本，为防止出现"劣币驱逐良币"的现象，建议国家政策层面上分行业设计合理的碳中和路线图以及有效的奖励约束机制。

作为一个国际性交流合作创新平台，国际绿色建筑联盟（以下简称"联盟"）深入广泛吸纳国内外著名高校、科研机构、知名企业、相关组织和个人代表，积极开展国内外绿色建筑和生态城市建设领域的联合和创新，深度融合城市规划、设计建造、运行管理等领域。

联盟要努力打造为业内最具影响力的交流合作平台、工程应用平台和信息传播平台，实现绿色建筑理念相通、人才流通、标准联通、产业畅通。

联盟将在现有绿色建筑评价体系基础上，进一步加强与预制装配技术、BIM技术、超低能耗、智慧建筑、健康建筑等技术措施的融合，推动形成绿色发展方式和生活方式，深化绿色建筑国际交流合作，共同推动新时代下绿色建筑发展新未来，为实现碳达峰和碳中和作出应有的贡献。

（采访于2021年4月）

缪昌文院士团队部分项目介绍

苏通大桥

01/苏通大桥

　　苏通长江公路大桥，简称"苏通大桥"，位于中国江苏省境内，是国家高速沈阳—海口高速公路（G15）跨越长江的重要枢纽，也是江苏省公路主骨架网"纵一"（赣榆至吴江高速公路）的重要组成部分，是当时中国建桥史上工程规模最大、综合建设条件最复杂的特大型桥梁工程，也是当时世界最大的斜拉桥。缪昌文院士团队帮助解决了306米高的超高索塔一次性泵送混凝土施工等高端技术难题。

锦屏水电站

02/锦屏水电站

　　锦屏一级水电站位于四川省凉山州盐源县与木里县交界处，混凝土双曲拱坝坝高305米，为世界同类坝型中第一高坝。电站以发电为主，兼具蓄能、蓄洪和拦沙作用，是川电外送的主要电源点之一。该项目采用环保、节能型高性能混凝土外加剂成果，其良好的性能得到了业主及施工单位的一致认可。

港珠澳大桥

03/港珠澳大桥

　　港珠澳大桥跨越伶仃洋，东接香港，西接广东珠海和澳门，是粤港澳三地首次合作共建的超大型跨海交通工程，设计使用寿命120年，抗台风16级，创造世界桥梁建设的多项世界之"最"，被英国《卫报》誉为"现代世界七大奇迹之一"。缪昌文院士团队研究开发的混凝土化学减缩技术及水泥水化热调控技术，解决了混凝土减水剂与大掺量矿物掺合料之间的适应性及大掺量矿物掺合料混凝土初始流动性差、黏度高、搅拌生产时间长等问题，且相较于一般的聚羧酸外加剂干燥收缩率小，同时具有调控水泥水化放热速率的作用，配合混凝土入模温度控制、全断面浇筑等施工工艺措施，有效保障了港珠澳大桥混凝土的耐久性和施工性能的稳健性。

着眼未来
用设计提升绿色建筑品质

崔 愷

中国工程院院士
全国工程勘察设计大师
中国建筑设计研究院有限公司名誉院长、
总建筑师
国际绿色建筑联盟专家咨询委员会专家

　　崔愷院士长期致力于建筑创作及学术研究，主持国家和地方重要建筑设计130余项，获得国内外重要设计奖项100余项。曾获"全国优秀科技工程者""国务院特殊津贴专家""法国文学与艺术骑士勋章""梁思成建筑奖"等荣誉。倡导并推动中国建筑本土创作与研究，提出"本土设计"创作理论，出版了《本土设计》等多部著作，一直在探索中国本土建筑的创新之路。

2009年，我在总结自己作品的基础上提出了"本土设计"的思想，这一思想源于我对自己设计创作构思和脉络的总结梳理，其核心要素是强调建筑跟"土地"的关系。

建筑依"土地"而生，但在设计过程中，很多设计师并不太关注"土地"的特质，而是按照自己的设计喜好或者业主的追求开展设计。我的很多作品都是从阅读"土地"、理解"土地"开始的，从自然环境、气候特点、地形地貌、建筑承载的文化内涵到当地风土人情等元素，对我的设计有至关重要的引导作用。所以，在我看来，"本土设计"实际上是一种方法论，是理性的、客观的、探索本土特色的创作方法。

实际上，"本土设计"也是本土的当下生活。建筑的最终目的都是为了使用，都要关注使用者的需求。有些时候我们直接面对使用者，更多的时候我们面对的可能是建设者或决策者，我们在进行每一次设计时都应该思考这样一个问题，即"这样的一个建筑应该怎么使用，怎么更好地使用"。这是一个特别有趣的视角，因为今天的使用跟过往的使用是不一样的，当下人们的审美、生活方式跟历史上也是不一样的，所以不必要去模仿历史上经典建筑的外表及空间，而更应该思考今天的生活会给我们什么样的启发，这座建筑对今天以及对未来的生活会有什么样的启发，这些特别重要。

2020年9月，习近平主席在第七十五届联合国大会一般性辩论上发表重要讲话，提出中国将提高国家自主贡献力度，采取更加有力的政策和措施，二氧化碳排放力争于2030年前达到峰值，努力争取2060年前实现碳中和。这是人类必须面对和解决的生存问题，在建筑界也引起了广泛的关注。

"本土设计"的内涵中一个基本点就与气候相关。要想让建筑减少能耗，就要适应气候的特点，用设计的方法去巧妙地降低能耗，而不仅仅依赖于设备设施的性能。近几年，一批建筑师参与了国家"十三五"的绿色建筑课题，重点研究绿色建筑的设计方法。最近，我根据中国工程院重大咨询课题的要求，参与了有关光伏建筑一体化的课题研究，这类新技术在建筑中的应用，是碳减排的一条路径。

　　传统技术构建下的建筑，无论是建造或是使用都要依赖于能源消耗。未来，随着各类技术水平的提高，建筑能不能变成产能建筑？利用建筑本身材料、屋顶界面等，通过吸收太阳能转化成光与热，既有温度的控制，又有光线的导入，用这种方法去减少能源消耗，是有可能的。今天的科学技术也已经指出了可能性，光伏设备的转换效率在不断地提高，建筑师要主动考虑如何把光伏建筑的美学进行提升。我觉得，在过往的几十年里，很多的结构工程师、设备工程师都在研究绿色建筑，设备设施越来越先进，但是没有能跟建筑师很好地合作，所以造成了绿色建筑看上去像技术的堆砌，而不是整合的建筑作品。就当下而言，建筑从空间设计到造型设计，都应当做到顺应气候特点，同时设备设施要能成为建筑的新型材料、新型美学的一部分。希望将来的绿色建筑、光伏建筑越来越美，这也是国际绿色建筑联盟和不同行业、不同领域的科学家们，一起共同努力的方向。

（采访于2021年4月）

崔愷院士团队部分项目介绍

江宁园博园·未来花园

01/江宁园博园·未来花园

  "未来花园"基地原是水泥厂矿区的遗址，崔愷院士团队充分利用遗留的巨型矿坑、裸露的崖壁等场地现状和"本土"特征，坚持"生态、绿色、可续"的思想，尊重环境，修复与建设并重，对崖壁消险加固，对矿坑环境再造，巧妙利用遗址空间，设计了水下植物园、崖壁剧院、矿坑酒店等建筑，充分利用新技术、新建构、新材料，打造了新空间、新景观、新体验，从挖山到补绿，让绿色重回山野。

  从挖山到补绿，从烧石灰的工厂到绿色新生活的空间，是一种不间断的连续状态。不是抹掉过去，忘记历史；而是留下痕迹，让历史说话。在矿坑岩体稳固修复的基础上，植入植物花园、商业、崖壁剧院、崖壁灯光秀、矿坑酒店等功能，活化矿坑的使用方式，让矿坑消极的自然空间成为充满人气的活力之源。

创新与环保相结合的水下植物园，以及恢弘大气的崖壁剧院演出成为南京当地文旅的新亮点。深坑里，42柄直径21米的亚克力板"巨伞"撑起了一汪碧水，伞下竟"藏"着一座生机勃勃的水下植物园！而作为云池梦谷的核心组成部分，崖壁剧院依托天然山崖而建，仰仗天地为幕布，将255米长、80米高的天然崖壁以及地面多功能表演区融合形成光影表演舞台，以大容量雾森、多媒体艺术、光影画面、科技造景等手段呈现出全景无边界的光影演艺形式。

材料的创新性使用，成为化解大体量建筑空间与自然风貌之间矛盾的有效方式。一体化亚克力伞型屋盖、镜面不锈钢伞形棚架、不锈钢水花纹商业和云池舞台、石笼墙和装配式UHPC材料的使用，都让体量消隐于环境，材料融合于自然。为了实现对矿坑特殊岩壁的利用，未来花园建筑群采用钢结构将建筑悬在坑壁之间，是一种"轻介入"的方式，巧妙利用矿坑隧道和崖体，减少动土，体现了有机生长的内在逻辑。在技术上采用装配式工业化的建造方式，达到快速化和高品质的呈现。

中国天府农博园

02/中国天府农博园

中国天府农博园是四川农业博览会的永久会址，项目摒弃传统封闭型行列式的会展模式，采用"指状"与田园景观互相渗透的布局方式，将室外展场分散布置在建筑周边的林盘特色空间中，形成"田-馆相融"的展会空间模式，实现田间地头办农博的基本理念。

同时，为体现农博展览的特色并兼顾遮风挡雨的基本需求，主要采用有顶室外展场的形式。主体建筑则采用外廊式与遮阳防雨棚架结合的方式，通过适当的被动式绿色建筑技术，引导组织气流，营造出舒适的半室外活动空间，这种做法还降低了单位面积的空调能耗，减少了人工照明。

展览部分更是达到了近零能耗的目标，真正实现了与农博相契合的绿色生态理念。建筑开口的设计有效组织气流，形成通风廊道，使得室内温度长时间处于更舒适的状态，人活动的微气候环境得到很大的改善，并在近人尺度采用喷雾附加措施，调节微环境。

　　五个木结构棚架主要由木结构拱形结构、ETFE膜外围护和LED网屏几部分组成。结构选择胶合木结构更加体现生态与农业特色，且全部为工厂加工、现场拼装，减少了施工误差，保证完成质量。ETFE膜自重轻、透光性好、易着色，可以通过彩色的肌理与彩色的大田相映衬，更好地体现农博理念。

山东荣成市青少年宫

03/山东荣成市青少年宫

山东荣成市青少年宫位于荣成市滨海新区，一边是海，一边是湖，海边是茂密的黑松林。项目用地位于海湖之间的开阔地带，风景资源得天独厚。面对这块背湖面海的场地，创造一处可以给孩童带来惊喜，并融于自然的大地景观似乎是题中应有之意。设计想要创造一个地形，不仅仅能够满足建筑的基本功能，还能补偿这个城市的绿色缺失，使建筑融入大地。

从总图上可以看到，整个屋顶就像是一个绿坡，成为城市滨海风景的一部分。首层地面是一个可供市民随意行走的城市开放空间，图书馆、剧场、科技馆、培训中心和游泳馆五个功能组团有机离散地分布在这个自由平面内。功能之间形成了连续且相互交织的室外通道，走进通道，拱壁包裹空间，可闻导风声、啸声；穿出通道，又与草地、鲜花、松林不期而遇。

在设计内部空间时，联想到海边的礁石，于是在建筑里面用混凝土材料作拱，既解决部分结构问题，又可以带来辨识度和趣味性。鉴于这种特殊建造空间的需要，设计选择清水混凝土这种成熟的建造技艺对内外空间塑形，使其以一种抽象的几何形态和自由的组合方式由内至外地呈现，建筑随即深深嵌入绿坡，并最终融入风景之中。

中国北京世界园艺博览会（中国馆）

04/中国北京世界园艺博览会（中国馆）

中国北京世界园艺博览会（中国馆）位于北京延庆，冬天气候寒冷，夏天舒适宜人。设计结合了本土的园艺智慧，体现了悠久的农耕文明。覆土建筑的巨型屋架从场地中的人工梯田中升腾，建筑形成环抱的半围合的平面布局融于场地，使建筑南侧入口广场与场地北侧的妫汭湖贯通，形成舒适的微气候。

设计针对延庆的气候条件，在光照、季风、温度和降水等方面作出了回应。建筑坐北朝南，迎向阳光，给作为展品的花卉和植物提供充足的采光；雨水收集和内通风系统，在炎热的夏季可以带走部分热量；建筑有相当一部分展厅被放置在覆土的屋面之下，可以解决冬天的保温问题。

　　绿色技术体系以"四节一环保"为基础，有机结合了自然、人文和技术因子。自然因子包括节地、融绿、借光、集水、避风、保温、收形、覆土、绿植等要素。人文因子通过搭建遮阳、通风、架空的观景平台，降低能耗，鼓励互动；水院雨帘营造区域微气候。此外，探索了建筑光伏一体化设计，在产能的同时带来了丰富的室内光影效果，证明了绿色材料也可以很好地服务于设计的美学考量。

碳减排目标下的建筑业转型思考

岳清瑞

中国工程院院士
北京科技大学城镇化与城市安全研究院院长
国际绿色建筑联盟专家咨询委员会专家

岳清瑞院士一直致力于工程结构诊治、FRP新材料及结构应用、城镇建筑与基础设施安全领域的理论研究、技术开发、标准编制、工程应用和产业化工作，取得了系列创新成果，为保障建筑及基础设施安全、推动纤维复材的土木工程应用等作出了重要贡献。相关成果解决了大量国家和行业重大工程技术难题，广泛应用于各类建筑及基础设施的工程诊治、性能提升，并推动了我国土木工程新材料与新结构发展。

当前，建筑业转型升级的紧迫性与必要性更加凸显，我认为，建筑业转型升级主要体现在以下几个方面：

一、适应国家现实需求。"十四五"期间，我国城镇化发展已发生根本性变化，城镇化率上升至61%，国际普遍认为已发展至城镇化中后期阶段。随着城镇化率的大幅度提升，建设方式也发生了根本性改变：由过去以大拆大建式的新建为主转化为新建建筑与既有建筑、基础设施维护两者同步并重。因此，建筑业应当主动适应对既有建筑及城市功能性能提升的要求，这涉及规划设计理念、建造方式、技术与装备进步等多个方面，相关单位应尽早适应。

二、创新土木工程材料研发和应用。气候变暖的严峻形势要求全球各国共同努力降低碳排放。碳达峰、碳中和成为指导我国未来发展的重要战略方针。我国土木工程材料虽已取得了很大进步，但距离"双碳"目标和可持续发展要求还远远不够，应继续不懈努力。今后土木工程的重大进展一定是基于土木工程材料的重大进步而取得的。土木工程界应该突破传统思维，重视、积极、主动开展土木工程材料研发和应用。

三、注重既有建筑及基础设施运维。下一步，建筑业的主要工作除了建设外，应更多体现在对既有建筑和基础设施的运维上，这在未来也会是一个非常大的市场。

四、推进数字化与智能化技术应用，转变建设与运维模式。我国劳动力逐步趋紧，应尽可能采取少人甚至无人的方式开展建造与运维工作，推动数字化和智能化建造与运维。国家发展改革委、科技部、住房和城乡建设部等在这方面已经开展相当多的工作，"十四五"期间，建筑业在数字化和智能化建造与运维方面会有很大的变革。倡导"EPC总承包"模式，将设计和施工结合起来，这种建设模式的转变，也会对建筑行业转型升级带来深刻影响。

在"双碳"目标的实现方面，我们既要重视建筑运维所带来的碳排放，更应该重视土木工程材料生产与使用所带来的碳排放，而这方面是没有得到应有的重视的。表现在：土木工程用水泥、钢材、铝材、玻璃几种大宗材料生产阶段的碳排放超25亿吨，占比全国碳排放总量的1/4以上。因此，要实现碳减排目标，土木工程材料领域的碳减排任务繁重，压力巨大。立足于碳减排目标，总结土木工程材料研发和应用的三个主要发展方向为：一是发展高性能与高效能结构材料。通过提高材料品质，延长建筑服役寿命，实现源头减少碳排放。研发具有高耐久性、抗灾变和超限度使用的高性能材料，推广应用轻质、高强高韧、免维护和高效能利用的建筑材料，通过建筑材料的性能提升、高效利用和组合应用，打造高性能、低成本、长寿命的新型工程结构，实现建筑全寿期节能减排。发展高性能高效能的结构钢材：应提升结构钢材的性能，加大研发投入，调整化学组分、采用特殊生产冶炼工艺，提升钢材的强度、延性、韧性、可焊性、耐久性、抗撕裂性等性能并在工程实践中推广应用；应该提升结构钢材效能，利用标准化轧制型钢、厚壁钢管等构件提高截面效率，减少制造加工中间环节。加强纤维增强复合材料（以下简写为"纤维复材"）在土木工程领域的推广应用。纤维复材具有轻质高强、耐腐蚀、抗疲劳和可设计性等优点，已在结构加固补强领域得到广泛应用，纤维复材在新建建筑中具有广阔的应用前景，如索结构和纤维复材混凝土结构等。纤维复材有望作为新材料，满足超限度工程结构需求，实现超大、复杂环境工程结构全寿期高效服役。二是发展地域性材料。过去相当长时间里，土木工程对于地域性材料的重视程度不足。"就地取材"的地域性材料能大大节省建筑材料加工、运输的成本，促进过程碳减排。未来要深入探索地域性材料多重属性，例如：利用月壤在月球开展土木工程代表地域性材料的科技属性，是高挑战性又强前瞻性的；利用海水海砂混凝土进行海洋工程建设，利用竹木材料在山区、地震区发展轻量竹木结构，验证了地域性材料的经济属性；利用洞渣骨料生产混凝土进行川藏铁路建设体现了地域性材料的生态属性；利用藏区片石进行九寨沟震后修复证明了地域性材料的文化属性。地域性材料为未来土木工程提供了更多的解决方案，将成为非常重要的一个发展方向。三是发展循环利用材料。应该发展循环利用的材料，如能将建筑垃圾、工业废弃物、弃渣弃土等循环利用，成为废渣混凝土、再生混凝土、再生砌体、再生部品部件等，能大幅度降低成本，实现末端碳减排。未来，随着技术的发展，如能将废弃材料循环利用、提升价值，生产出新的高性能、高效能材料，实现真正意义的"变废为宝"，将带来土木工程材料领域跨越式发展。

土木工程材料领域应在三个方面进行创新：一是在土木工程材料基础研究的深度方面，包括材料组织构成，材料生产工艺装备、设计和应用等各个方面，改变土木工程材料研发的"听天由命"状态，探索"计算-实验-数据"深度交叉融合、研发全过程协同创新的材料研发模式；二是在土木工程材料研究的尺度与方法方面，尤其在材料的分子和纳米尺度及组织规则性方面进行深度研究；三是要进一步完善土木工程材料研发体系，大力加强对工程用钢材、纤维复材、轻金属结构材料等的研究。

（采访于2021年5月）

岳清瑞院士团队部分项目介绍

三亚体育场

01/三亚体育场

　　海南三亚体育场建设项目采用了碳纤维内环交叉索结构，上部结构主要包括混凝土看台、外围钢结构和屋顶索膜结构。屋顶索膜结构采用轮辐式索桁架作为主体结构，由沿径向布置的索桁架和上、下两层内环索构成。三亚体育场项目充分发挥了碳纤维复合材料高强度、可设计等优势，以新材料、新构件完美解决了结构问题，是碳纤维索结构在大跨体育场实际工程中的首次大规模应用，属于国际首创，对碳纤维复合材料在大跨空间结构乃至于新建结构中的推广应用具有重要的引领作用和里程碑意义。

02/海水海砂混凝土和纤维复材筋海水海砂
   混凝土结构

经过长期研究和实践，岳清瑞院士团队成功研发出一种新的高性能低成本地域性混凝土材料——海水海砂混凝土和纤维复材筋海水海砂混凝土结构。海水海砂混凝土可以在海洋工程建设中实现大部分原料就地供给，大大降低了建设成本，极大地提高了建设效率；纤维复材筋海水海砂混凝土结构不仅混凝土材料可以就地取材，而且纤维复材筋具有优良的耐海洋腐蚀性能，可极大提高耐久性能，对我国海洋工程建设具有重大意义。

多措并举
实现建筑全生命周期碳减排

仇保兴

国务院参事
住房和城乡建设部原副部长
国际欧亚科学院院士
国际绿色建筑联盟专家咨询委员会专家

　　仇保兴参事在任住房和城乡建设部副部长期间分管城市规划、建设工作，同期兼任国务院汶川地震灾后恢复重建工作协调小组副组长、"水体污染控制与治理"国家科技重大专项第一行政责任人，四十多篇咨询报告获得国务院总理批示。多次获得联合国教科文组织、国际绿色建筑大会和国际水协会奖项。多部著作被英国、德国、意大利等国出版公司翻译出版发行。

　　根据《中国建筑能耗研究报告（2020）》，2005年到2018年，我国建筑全生命周期碳排放量达到了49亿吨（约占全社会碳排放的48%），并且碳排放主要集中在建筑运行和建材生产过程，而建筑施工碳排放只占其中的很小一部分。所以，对于建筑节能，不能仅仅考虑建筑在运行阶段的碳排放，而是应该从建筑全生命周期来衡量碳的排放。

　　从当前建筑运行相关的二氧化碳排放状况来看，我国公共建筑的面积最小，但是耗能强度最大；北方供暖建筑总面积不大，但碳排放约为5.5亿吨。现在还有很多南方城市都在计划实行集中供暖，如不谨慎考虑，这将会明显增加这些城市的碳排放。我们的思想观念不能仍停留在工业文明搞大投资的传统理念上，也要更多考虑能耗和碳排放的问题。

　　基于三个原因，我国住宅运行耗能明显低于发达国家。我国每平方米建筑平均能耗强度远远不及美国、英国、加拿大等国家。美国的人口不到我国的1/4，但是所消耗的建筑能耗远比我们要高，1个美国人的建筑能耗相当于5个中国人。为什么这么高呢？主要有三个原因：一是中国人均住宅面积约为40平方米，而平均每个美国人拥有的住宅面积达85平方米；二是我国住宅主要用的是分体空调，而美国住宅主要用集中空调；三是我国家庭不用烘干机，而烘干机在美国基本属于必需品，正是由于这几个因素，使得中国人均建筑能耗要比美国低得多。对我国建筑尤其是住宅实行每个房间安装一个空调是最节约的模式，分布式的能源供应和设施是最节能的，而"三联供"的集中供热模式从实践来看其实只适用于我国北方城市。

　　绿色建筑有一个重要的特征，即能够在建筑全生命周期体现节能、节水和节材。例如建筑材料如果是本地生产的，没有长距离的交通成本基本属于低碳，但如果是从意大利进口的建筑材料，那就得加上运输过程中的碳排放，这显然属于高碳行为。

绿色建筑第一次颠覆了我国传统的建筑碳排放计算标准，这也使技术人员掌握了国际通用的能耗计算标准。绿色建筑还有个别名为"气候适应性建筑"，即建筑的能源系统和围护结构能够随着气候的变化而自行调节，使建筑的用能模式发生适应性变化。例如夏天可以把多余的热量储存在地底下，使土壤成为一个热储存器，到冬天又把这些热量取出来用于取暖。春天、秋天为什么能耗很低？因为这时候只需要开开窗户就行了。这套系统比较适用于冬冷夏热的广大长江流域。

值得注意的是，玻璃幕墙建筑虽被视为城市建筑现代化的标志，但是在南方地区却要谨慎大面积推广。玻璃本身的导热性能好，而隔热效果差，在夏天，太阳辐射热大，导致建筑内温度很高。但是如果这类全玻璃幕墙建筑建在哈尔滨等北方地区，由于北方城市一年中夏季时间短，常年的平均气温较低，则可以充分利用太阳光照射所能吸收的热量来调节室内温度，这时候的玻璃幕墙建筑则是节能的绿色建筑。

需要强调的是，建筑脱碳潜力在于社区"微能源"系统。通过将风能、太阳能光伏与建筑进行一体化设计，同时利用电梯的下降势能和城市生物质发电，利用社区的分布式能源微电网以及电动车储能组成微能源系统。借助这个微能源系统，可以有效调节电网波动，例如在峰谷的时候，对电动车进行充电；在峰顶时，可以借用电动车所储电能反馈电网一部分电力，对电网用能进行调节。如果外部突发停电，社区也可以借助各家各户的电动车电能作为临时能源供应。但是这种模式面临的问题在于需要各地电网公司积极参与和推广这种做法。

城市内部的绿化也具有显著的综合减碳效应。城市内部绿化对于碳汇的作用其实很少，但这类绿化一旦合理布局就会产生间接而且巨大的综合减碳作用。行道树木和小型园林中的乔木能够通过水蒸发和遮阳效应达到明显的环境降温作用，能够促使民众减少使用空调，从而间接地实现节能减碳。

基于这个原理，同样一片区域内的40公顷绿地，如何布局才能使其效益最大化？第一，绿地系统设计首先需要网格化的布局；第二，需要结合社区空间结构见缝插针，多种植占地小遮阳效果好的高大乔木；第三，社区微园林要设计成花草灌乔多层合理搭配的布局。这样减碳和美化环境效果才能达到最大化。城市内部的绿化具备减碳效应，但80%以上是通过减缓热岛效应而产生的间接减碳，而通过植物作用进行直接碳汇的量很少。

绝大多数西方国家早在30年前，有的甚至在50年前就已经碳达峰了，至今全球有54个国家的碳排放已达峰，占全球碳排放总量的40%，而我国不仅要快速碳达峰，而且从碳达峰到碳中和也仅30年时间，显然挑战巨大，举世无双。

英国是全球最早实现碳达峰的西方国家之一，又是最早完成城市化和工业化的国家。从1990年到2019年，30年间英国的温室气体排放量下降了49%。这49%的减排主要来自三个方面的贡献。第一，电力去煤（约贡献40%），2020年该国煤发电仅占发电量1.6%（而我国煤发电占总发电量73%）；第二，清洁工业（约贡献40%），其中：填埋物甲烷等控制（25%），制造业结构转型（15%），这也是生产工艺去煤化为主贡献的；第三，化石燃料供给转型，更少碳、更小规模、更少泄漏（约贡献10%）。但是基于我国"贫气少油"的能源资源现状，我们并不能一味"照猫画虎"，也进行英国式的能源改革。在英国方案中有一个很好的经验——"风光互补"，理论上风能和光能是可以互补的，因为光能在白天很强，但是晚上会趋零，而风能一般在夜晚会加强形成高峰，到白天则会降低。除此以外，英国智能电网技术也发挥了重大作用。通过发展可再生能源，同时利用风光互补的特性来调节整个电网，对英国电力实现绿色转型起到了很大作用。

（采访于2021年5月）

仇保兴参事部分学术研究成果

应用第三代系统论——复杂适应理论（CAS）创新对城镇化理论与城市空间形成机制分析，据此撰写的《城市定位理论与城市核心竞争力》《复杂科学与城市规划变革》两篇入选"四十年影响中国城乡规划进程"四十篇文章。

首创企业集群（Cluster）对我国城镇化驱动力影响分析。从分析影响中小城市竞争力的产业组织和城市间的竞争合作关系入手，利用复杂系统的自组织原理阐述城市内部的企业集群和城市外部的城市集群的发展演进规律，从而证明不同规模的城市（镇）往往组成一个有机的、整体的集群结构，具有明显的等级、共生、互补、高效和严格"生态位"的"耗散系统"。提出了我国高速城镇化进程中，中小城市（包括卫星镇和农村小城镇）"超越"经济规模快速成长，有序引导移民、确保大城市空间结构转型和中小城市协调发展的基本途径和对策选择。

历时二十年研究撰写出版中国城镇化（C模式）系列专著五本，约三百多万字，其中三本专著内容已被翻译成英文、德文，在海外出版发行。

城市更新与城市魅力

王建国

中国工程院院士

东南大学教授

国际绿色建筑联盟专家咨询委员会专家

　　王建国院士长期从事城市设计和建筑学领域的科研、教学和工程实践工作并取得系列创新成果。在中国首次较为系统完整地构建了现代城市设计理论和方法体系，从技术层面揭示了城市空间形态的建构机理，初步破解了城市建设中有关高度、密度、风貌优化和管控等方面的城市设计难题。出版论著7部，发表论文200余篇。主持完成100余项城市设计及建筑设计，获国内外设计奖，国家科技进步一等奖，教育部、住房和城乡建设部科技奖多项荣誉。

碳达峰、碳中和目标的提出，对我国未来发展的愿景、技术路线及经济、社会、生活结构都将产生重大影响。据相关数据显示，主要发达国家在2012年前已基本达到碳达峰，对他们而言，在2050—2060年实现碳中和目标，时间比较充裕；我国仍处于发展中国家阶段，实现碳中和目标，面对的挑战或许比机遇更多。碳达峰和碳中和这两个目标相互递进，不能割裂地看待。达成碳中和目标任重道远，建筑行业也会面临很多新的挑战。

首先，实现碳中和目标，须对能源结构进行调整，减少化石燃料的使用，采用清洁能源及可再生能源。如何通过科技进步，克服新能源使用开发的技术瓶颈，并使其具有经济竞争力且被市场接受，将其运用到量广面大的建设中去，这是下一阶段发展我们需要着重考虑并解决的一个难题。比如，光电、风电、水电等清洁能源已经取得了一定的发展，然而我国用电大省主要集中在东南沿海及京津冀地区，与清洁能源的富集区有地理上的偏差。如何解决清洁能源发电储存与输送的问题，是未来绿色建筑等领域必须面对的一大挑战，这也促成了新基建领域中"特高压"概念的产生。

其次，应当把低碳、减碳、零碳甚至碳汇概念纳入下一步城市更新、新建建筑及既有建筑改造过程中去。"双碳"目标背景下，绿色建筑领域的未来发展道路、侧重点、主要问题与挑战将会经历建筑设计和房屋建造学理上的延伸及实践中的探索。当下，应以探索、实验求经验，进而通过成功范例进行推广。

最后而言，未来城市更新之路应当是低碳绿色的，如今，它的目标愿景和量纲已更加明确，我们点点滴滴的工作都在为达成国家对世界的承诺作贡献。未来的事情不分大小，都将有助于低碳绿色、可持续发展的人类命运共同体的构建。

目前，我国城镇化发展已经进入下半程，党的十九大提出，我国的主要矛盾已经转变为人民日益增长的美好生活需要和不平衡不充分的发展之间的矛盾。习近平总书记提出的"城市管理应该像绣花一样精细"也与这一背景有密切的关联。从学理上讲，单纯提城市更新与改造还不够全面。西方曾经用"Urban Renewal"的概念来表达城市更新。在20世纪五六十年代，城市更新变成了"大拆大建"的代名词，具有贬义指代；"Urban Design"（即"城市设计"）概念提出后，人们开始加强对历史文化内涵的关注。所以，城市更新与改造不仅仅关注自然与人工的系统关系，还应当注重文化的传承。强调中国特定社会文化传承背景下，人们生活方式在当代的有效延续及扬弃再生，是目前城市更新过程中需要注重的因素。

作为一名城市设计师和建筑师，在进行城市更新与改造时不仅要关注物质形体、空间组织和建筑外观，还应进行自身探索及认知的表达，更多地表现出对特定社区在地性的人文情怀的关注与投入。

做出有情怀的设计是非常不容易的，要对城市更新对象有一个比较全面、整体和人文情怀的关切和理解，关注弱势群体，坚持不同性别、不同年龄、不同职业、不同收入、不同家庭共享的理念。因此，建筑师在城市更新改造过程中首要的任务就是全面了解所要改造社区的历史演变历程、社群特性及人员情况，以此为基础，通过新的介入方式或是对空间组织、环境的调整，来对物质空间进行改善优化。

一个城市、一个社区，之所以有魅力，就是因为其特点及人文精神，或者是社区共同拥有的某种愿景，在历史延续的过程中被留存下来，如果建筑师在改造过程中"个人英雄主义"式地强行干预，必然会出现问题。我非常赞同这样一句话："城市永远面临着新生与衰亡、发展与保护、保留与淘汰的双重挑战。"随着经济社会的发展，城市的新陈代谢与更新迭代是必然的，我们不能固守旧的生活方式，但我们必须让居民感知到这一更新迭代是有前提的，历史上那些优秀的生活方式、交往方式及物质印记都要能在今天延续下来。这正是我们的城市历经年代更迭，能够成为琳琅满目的"博物馆"的真正内涵。因此，城市更新改造，我们极应重视的就是文化传承和历史基因在当下的传承、扬弃与创新的问题。

国际绿色建筑联盟应紧跟国际前沿趋势，时刻关注绿色建筑领域学术走向、产业趋势的最新理论实践成果并及时总结，努力实现"他山之石，可以攻玉"。联盟应团结、联动更多机构，无论是学术机构、管理机构还是相关企业，共同为了绿色建筑发展而努力。仇保兴参事多年前提出要"千军万马"做绿建，这一领域是需要多方面共同参与才能谋得发展和明天的，不是一个局限于专业领域或学术界讨论的小话题。联盟要在聚焦绿色建筑的同时拓展外延领域，将大家团结在一起，为了共同的愿景而努力。

（采访于2021年5月）

王建国院士团队部分项目介绍

第十届江苏省园艺博览会博览园主展馆

01/第十届江苏省园艺博览会博览园主展馆

　　主展馆汲取扬州当地山水建筑和园林特色的文化意象，以"别开林壑"之势表现扬州园林大开大合的格局之美——南入口以高耸的凤凰阁展厅开门见山，与科技展厅相连的桥屋下设溪流叠石，并延续至北侧汇成水面，形成内外山水相贯之景。主展厅建筑部分采用现代木结构技术，对绿色设计和可持续发展起到积极示范作用。由于展馆在博览会后将被改造为精品酒店，所以设计同时考虑兼顾了后续利用的合理性。

南京牛首山景区游客中心

02/南京牛首山景区游客中心

建筑设计根据场地地形标高的变化，采用了两组在平面上和体型上连续折叠的建筑体量布局，高低错落、虚实相间。起伏的屋面和深灰色钛锌板的使用，是对山形的呼应和江南灵秀婉约建筑气质的演绎，也隐含了"牛首烟岚"的意境。设计在审美意象上考虑了佛祖舍利和牛首山佛教发展的年代属性，总体抽象撷取简约唐风，并在游客的路线设计上融入禅宗文化要素，回应了社会各界和公众心目中所预期的集体记忆。

中科院量子信息与量子科技创新研究院一期建筑

03/中科院量子信息与量子科技创新研究院一期建筑

　　中科院量子信息与量子科技创新研究院项目是国家发展量子科技的重要战略部署，是安徽省科技创新"一号工程"，也是合肥综合性国家科学中心的核心工程之一。规划设计从"量子纠缠效应"以及古代哲人的宇宙观和哲学思想中得到启发，以"自然之谐、科学之力、形态之序、活动之宜、均衡之美"为设计理念，希望建立一座满足科研体量的有机生态公园。

东晋历史文化暨江宁博物馆

04/东晋历史文化暨江宁博物馆

设计构思主要基于对当代博物馆学发展概念和趋势的理解、对建筑之于特定环境文脉和场地地形的解读、对现代博物馆建筑空间组织原则的运用三个方面。设计将博物馆主体建筑向西南部后退，采用地下为主的集中式建筑布局，以缩减场地地坪标高上的建筑体量；建筑体型采用最易于统筹和协调复杂场地关系的圆形形态组合，较好回应了竹山及河道的自然形态。在方圆、虚实、水平与垂直向的对比之间营造环境与主体建筑的拓扑张力关系，寓意"天圆地方"，并呼应古江宁"湖熟文化"聚落台形基址的特征。

因地制宜
开展既有建筑绿色化改造

刘加平

中国工程院院士
西安建筑科技大学教授
西安建筑科技大学设计研究总院院长
西部绿色建筑国家重点实验室主任
国际绿色建筑联盟专家咨询委员会专家

刘加平院士长期从事绿色建筑及建筑节能领域的基础研究、教学和应用推广工作。主持和完成包括国家自然科学基金重大项目在内的数十项国家级研究项目，在西部绿色建筑和太阳能富集区超低能耗建筑的设计原理与方法等方面作出突出贡献。出版学术专著和教材8部，发表论文近200篇。曾获"国家杰出青年科学基金""全国模范教师""何梁何利奖""全国创新争先奖""全国先进工作者"等荣誉。获国家科技进步奖、省部级科技进步奖、世界人居奖等多项奖励。

20世纪70年代，国际社会提出"可持续发展"理念以后，我国城乡建设领域结合国际国内形势，于80年代初开始在全行业开展"建筑节能"技术研究，并逐渐得到业界重视，进步很快，发展迅速。

众所周知，化石能源是不可再生资源，总量有限，而化石能源的燃烧过程就是二氧化碳及其他有害气体的排放过程。因此，从可持续发展的角度出发，建筑领域持续做好建筑节能工作，就是为碳减排工作作贡献。

建筑业的碳排放和其他行业有着很大的不同。我国建筑总面积约700亿平方米，碳排放总量很大，约占全国碳排放总量的1/4，但分摊到每栋建筑甚至每平方米，排放量则很小。因此，建筑碳减排需要每一栋建筑、每家每户共同行动。当然，建设行业除了做好建筑节能工作，减少能源消耗之外，还应该减少水资源、建筑材料等其他资源的消耗。减少任一资源消耗，也就减少了能源消耗，从而实现碳减排。

做好建筑节能工作，首先要重视建筑节能设计，重视建筑与地域气候的呼应关系，因为建筑能耗的主要部分——供暖及空调能耗的高低与地域气候条件密切相关。各地的传统建筑告诉我们，地域气候条件不同，建筑形式、外貌、构造以及空间组织差异很大。我国西部地区自然环境条件差异巨大，既包括黄土高原、青藏高原、云贵高原等高山、丘陵、峡谷地貌区，也包括戈壁、沙漠等生态脆弱区，还包括干热干冷大陆型气候区，仅从气候特征的角度，简单地推行全国统一的建筑节能标准，还是很困难的。但也正由于经济欠发达，地域辽阔，城乡建筑密度相对较低，容积率较小，而且拥有丰富的太阳能、风能及地热能等可再生能源，与内地特别是东南沿海经济发达地区相比，如果在研发上能够投入较多的人力和财力，则有可能在充分利用可再生能源方面做得更好，更容易实现低能耗建筑乃至绿色建筑的目标。

当下，中国已经进入了绿色发展新时代，对城乡建设领域而言，将面临两大任务。

一是全面推广绿色建筑，实现新建建筑节能、节水、节材，并减少二氧化碳等污染物排放。二是对面广量大的既有城镇小区和建筑开展绿色化改造。改革开放四十多年来，我国经济飞速发展，但是，20世纪八九十年代至21世纪初建设的一大批建筑，无论是在功能、品质、能源资源消耗方面，还是在地域建筑文化和风貌方面，都与当前时代需求不符。因此，为实现建筑的"绿色宜居"，要对这些建筑进行全面改造提升。其间主要解决以下几个问题：第一是安全性的提升，使建筑能够满足防风、抗震、抗暴雨等基本要求；第二是建筑功能的提升，满足住户日益增长的对高品质生活的需求；第三就是要根据当前建筑绿色节能指标要求，对既有建筑进行绿色化改造。因此，对既有建筑的改造应系统考虑建筑的外部形态、墙体围护结构性能等多方面因素，兼顾实用、美观、绿色的特点，这才是新时代建筑应该具有的风貌。

国际绿色建筑联盟在标准推广、案例展示等方面开展了大量的工作。当前，结合碳达峰、碳中和目标的提出，联盟可以推进以下工作：首先，做好绿色理念的宣传普及工作，将绿色建筑理念由业内从业人员扩展至城乡居民，积极倡导减少能源资源消耗及减少碳排放；其次，全面提升建筑绿色节能标准，使其满足绿色发展理念及人民生产生活所需。

这样，我们既有建筑硬件运行系统绿色，又有住户居民倡导绿色理念，人民所期盼的绿色低碳新时代就看得见、摸得着了。

（采访于2021年6月）

刘加平院士团队部分项目介绍

01/极端热湿气候区超低能耗建筑研究

　　刘加平院士带领团队开展极端热湿气候下的超低能耗建筑适宜性技术研究，取得一批原创性成果。首次构建了以太阳能为自给能源约束，"逆向"设计空调系统、建筑热工、建筑模式的超低能耗建筑设计原理和方法，为我国极端热湿气候区超低能耗建筑发展奠定了坚实的理论基础和技术储备。综合运用项目成果，建设了2万余平方米超低能耗示范建筑，并大面积推广应用，形成示范效应。

新地域乡村绿色示范建筑

02/新地域乡村绿色建筑设计

　　我国城乡建筑全面推行"绿色化"，大量乡村新建筑照搬模仿城市现代建筑，导致了资源消耗、污染物排放急剧增长和优秀地域建筑文化失传等问题，刘加平院士团队针对这些问题，开展了新地域乡村绿色建筑创作理论、设计方法及应用实践等研究，在宁夏、青海、新疆、陕西、四川、云南等地建成新地域乡村绿色示范建筑1100余户，研究成果在全国绿色乡村建设中得到推广应用，带动了乡村绿色发展，促进了地域建筑文化传承。

紧抓数字化机遇
领跑绿色建筑未来之路

吴志强

中国工程院院士
同济大学教授
国际绿色建筑联盟专家咨询委员会专家

  吴志强院士长期致力于城市规划理论研究和工程实践，他建立的
"生态理性"规划理论在专业领域有重大影响，在城市规划和工程应用
中取得了显著成效。曾担任2010年上海世博会园区总规划师、北京城市
副中心总体城市设计综合方案总规划师、青岛世界园艺博览会总规划师
等，是著名城乡规划学家、工程创新教育学家和城乡规划理论及工程实
践的领军者。

当今，全球面临数字时代，只有及时抓住机遇，发展绿色数字技术，中国才能赶超西方发达国家。

1780年，机械生产开始出现；1850年后，第一次工业革命带来了技术革新，城市发生变化，碳排放开始大规模增长；1920年，电气化时代到来，汽车的出现使个体运动的碳排放再次大大增加，电梯的产生则让建筑尝试突破固有的高度限制；1950年后，空调大规模出现……因此，现代城市建设是伴随着技术体系的更新而不断发展变化的。目前，数字化革命呈现出"大""智""移""云""链"的特点，充分发展并利用数字技术、人工智能等，可以让我们和世界再次处于并跑阶段。中国的转型发展和世界的新技术革命将同步共振，这是时代给我国的历史性机会。对建筑行业而言，这一机遇则意味着历史性超越的可能。

所以，我们应该全力开展绿色建筑数字革命，发展城市新基建（也被称为"智能基建"），通过科学技术的组合运用使得资源消耗更少，在绿色建筑运动中，实现与西方发达国家的并跑、领跑进而超越。

未来绿色建筑的三个关键方向

关键方向1：智慧

绿色的三大智慧，包括中华智慧的传承，自然智慧的启迪，人工智能的智慧赋能。中华智慧的传承：中华大屋顶，天人合一的体现，夏至遮阳形成阴影，冬至阳光引入正堂；雨季将雨水抛往最远处，以保护建筑根基。婺源民宅大门，开关之间门墙形成拔风管道；福州三坊七巷的智慧，假山使地下建筑地上化，夏天送凉风，冬天送暖风。自然智慧的启迪：比如适应环境，逆境求生的红树林；顺水漂流万里的海漂椰子种子；食虫植物的生存智慧。人工智能的智慧赋能：AI生态资源推演、选址推演等。

关键方向2：家园

2016年，提出"家园"创新思想。家园思想渊源来自中华传统营城智慧和现代城市理念，实现六大发展目标。家园规划设计中，我们以百姓为本，听取500位当地居民心声，了解生活痛点，建立百姓日常生活痛点和需求清单。

关键方向3：碳中和

第七十五届联合国大会一般性辩论上，习近平主席提出中国努力争取2060年前实现碳中和，但目前中国碳排放量在世界上还是属于前几位的，中国在减少碳排和增加碳汇方面还有很多工作可以做。我们团队正在研发利用人工智能技术计算全国1千米×1千米精度的碳排放量，利用卫星影像识别技术进行碳汇计算。

嘉定新城的建设应该综合上海五大新城各自功能和区位来系统分析，上海五大新城又应当从长三角一体化的角度来布局和思考，而长三角的发展，则必须站在国家立场来考虑。学界有这样一种说法，未来50年，将由10大城镇群控制世界范围内最重要的财富、市场、人才、创新技术及最新思想策略。我们必须牢牢把握长三角这一集群，开展数字化技术支撑下的智能规划协同创新。

上海国际化要素比重大，江苏拥有高响应度、高执行力的政府及丰富的国有企业运营经验，浙江蕴藏巨大的市场经济动力，安徽具备强大的智库资源，这些要素整合到一起，创造力巨大。

10年来，长三角一体化不断聚合，嘉定新城由过去的边缘城市转化为长三角不同组成部分间的关键节点城市，变成了辐射江苏、浙江的桥头堡，因此，嘉定新城的规划应当更多地考虑太仓、昆山等地居民的生活需求。同时，随着全球碳减排目标的提出，嘉定新城的支柱型产业也在发生转变。20年前的嘉定新城，是一个偏向工业化的汽车城，如今，嘉定新城改造将积极响应碳达峰、碳中和号召，结合绿色节能技术及数字化技术，通过建筑、道路、轨道交通等智能化联动，将原本被割裂的脉络重新连结，建立国际交流、国际创新发展平台，努力成为绿色城市改造的示范地。

我以为，绿色建筑讲的是世界普通话，全世界人民都应该听得懂。想要推进我国绿色建筑进一步发展，首先应补齐传统绿色技术的短板。在过去的10年里，我国在这方面已经取得了相当大的成就，在世界舞台上也非常活跃。如今，数字化新时代到来，传统依赖于能源资源与环境消耗的发展方式需要改变，应以更少的资源索取实现更高的建设成效，这对相关技术提出了更高的要求。随着人工智能时代的来临，绿色建筑必然融合智慧数字化，这是时代的必然。

数据显示，长三角地区的很多城市早已完成了产业转型，实现了碳达峰，我们应通过数字化手段更客观地对碳排放进行跟踪，选择全国范围的碳达峰的最优路径，构建每个城市最佳的达峰架构。我相信，在未来的30年，长三角不仅仅是世界上最好的创新群落之一，也会是中国碳达峰、碳中和的示范引领区之一。从单体建筑走到建筑群落，是中国城镇化和追求美好生活的必然发展。从被动减碳到主动汇碳，这不仅是全球的承诺，也是中国人对世界的承诺。

国际绿色建筑联盟应当把长三角的各种资源、技术进行更大程度地整合，数字化输出到全球的绿色建筑，让世界因为我们的技术而更加美好。

（采访于2021年6月）

吴志强院士团队部分项目介绍

《绿色校园与未来》教材封面

01/出版《绿色校园与未来》系列教材

  《绿色校园与未来》（1~5册）由吴志强院士领衔，会同大中小学知名校长、教师和绿色建筑领域专家共同编写。是首部绿色校园与绿色建筑专题的科普教材，也是首部贯穿基础教育和高等教育的系列教材。教材针对不同学段的教学特点基准主题，通过全学段知识点层层递进，辅以经典案例和主题活动，培养绿色可持续发展价值观、绿色生态知识和绿色生活习惯。教材编写历时3年，2015年由中国建筑工业出版社正式出版。

上海世博会场馆全景

02/上海世博会总体规划

　　上海世博会规划设计方案突出强调"人与自然的环境和谐"。一方面，在国内外经验研究基础上，以规划控制为主线，以建设空间为载体，结合具体的自然条件和经济生态内容，因地制宜确立生态运营的模拟方案，包括能耗模拟、日照模拟、日照阴影分析、日照辐射模拟、自然风场模拟、分区模拟、细部模拟、噪声模拟等。通过模拟，对规划的环境、经济和社会效益进行评估和方案优化，制定室外空间优化设计导则，引导后续规划设计达到可持续的目标。另一方面，专门开展了城市生态技术分类研究，将空间层次、功能系统和技术要素作为构建生态技术表的三个维度，在此基础上进行适宜性生态技术的配置和遴选组合，实现园区能、水、物、气、地五大系统生态化。规划还专门开展了世博会场地和场馆的后续利用研究，明确将临时场馆建筑、基础设施、公共设施、生态绿地等的布局安排与城市未来发展必然的战略性项目进行结合，使世博会对上海长远的发展提升发挥作用。

广州海珠生态城

03/广州海珠生态城概念设计

　　广州海珠生态城概念设计从建设生态城高标准与要求出发，从保护利用广州城市中心区最大生态绿心出发，引入生态、交通、市政等绿色先进理念与技术手段。设计基于生态敏感性分析，应用土壤修复、湿地修复、生态水循环系统等生态技术，对海珠生态城进行生态本底修复；运用GIS技术对风环境、水系统、土壤、生物多样性等自然要素进行评估，确定合理的生态容量；创新性地提出并运用生态足迹与手迹理论和绿色碳汇评价模型，通过SSIM可持续系统整合方法和情景分析等多种生态方法，建立空气质量、水资源管理等8大类55分项的生态控制指标；确定生态控制、生态协调、生态城市建设三大生态功能区，并划定生态红线，构建总体生态格局。

前策划后评估体系下
绿色建筑新探索

庄惟敏

中国工程院院士
全国工程勘察设计大师
清华大学建筑设计研究院有限公司院长、
总建筑师
国际绿色建筑联盟专家咨询委员会专家

　　庄惟敏院士长期从事建筑设计及相关理论研究工作，率先在我国提出建筑策划与后评估理论方法体系，研发了前策划后评估操作流程、原理方法和决策平台，编写了我国高校和注册建筑师首部建筑策划教材，组建了我国最早的建筑策划与后评估研究团队，主持完成了百余项重大工程设计项目。曾获梁思成建筑奖、全国优秀工程设计金/银奖，作品多次在国际获奖并获教育部、中国建筑学会科技进步奖一等奖等荣誉。出版专著12部，发表学术论文130余篇。

谈到绿色低碳发展，首先可以回顾一下历史。最初，建筑领域提出采用适宜的技术手段应对复杂的建筑空间及环境；20世纪80年代初，李道增院士倡导的"新制宜主义——因地制宜"理论在建筑界明确提出了"绿色生态"的概念；1987年，联合国环境与发展大会提出了"可持续发展"的理念，并大范围推广。2020年，我国的城镇化率高达63.89%，城镇化进程处在高速发展期，应重点考虑将"绿色"理念深入贯穿到建筑的全生命周期每个环节，包括规划、设计、施工、运维、后评估及拆除后循环再利用等。

早期建筑中绿色应用的象征意义大于实际效用，通常是在建筑建成后，运用光伏、遮阳等后技术方式，实现建筑的"刷绿"。全过程"绿色"理念的提出，是对传统绿色理念的升级和创新，使绿色建筑摆脱了机械的技术堆砌，创新性地将低碳减排等绿色理念贯穿至建筑生命周期始终。在规划阶段通过对建筑进行合理的整体布局，充分利用自然采光和自然通风，使得建筑以最少的方式干预环境；在方案和设计阶段，通过对能源方式、设备系统、结构外观、结构形式和材料等要素的综合考量，真正做到绿色技术与建筑本体的融合；在施工过程中，倡导绿色施工、采用装配式建造方式等，在运维过程中系统考虑低碳减排，以及建筑拆除后的循环再利用，积极应对节能降碳的发展趋势。

城市建设已进入存量时代，老旧建筑和住区的改造需要全行业、全领域甚至跨行业、跨领域的合作，要系统考虑规划、建筑、结构、材料、景观、施工等多个行业和领域碳排放的减少。因此说，碳达峰、碳中和不只是简单的口号和指标，而是蕴含在绿色建筑全生命周期全过程，全产业链各环节的共同目标。

前策划、后评估是相辅相成、不可分割的系统。

每个建筑都有一个明确的设计定位。建筑师进行建筑设计往往依托于设计任务书，设计任务书相当于工程订单。但是，业内存在设计任务书的制定不科学的情况，有些业主仅凭主观意愿、经验习惯等确定项目的定位和需求，如果建筑师只是按照这样的定位来进行设计，从长远来看存在风险。如何科学合理地制定建筑设计"底线"，确保高效的建筑空间利用效率，深入贯彻集约、高效、低耗、可持续的绿色理念，实现不同建筑组成部分、功能之间的逻辑自洽，这是策划阶段需要研究的内容。策划确立了明晰的标准及科学的依据，在此基础上确定设计任务书，建筑设计便不会产生大的偏差。

这个"底线"的研究，则需要依托于后评估环节：在建筑投入使用后，通过现场勘测、深度访谈等方式，采集建筑运行过程中的各类信息，将绿色建筑研究从单纯技术层面上升至涵盖技术、心理、文化等多维度的综合研究，为策划阶段提供样板及数据支撑。习近平总书记曾明确提出，城市建设要坚持以人民为中心的发展理念。以人为本，建筑使用者的主观评价尤为重要。近几年，超低能耗建筑一度成为行业重点，但普通使用者对其接受度并不是很高，这就涉及心理与文化层面的因素。在解决舒适度的同时，努力满足使用者心理与文化诉求，这也是人居环境高质量发展的特点与前提。通过后评估环节，对建筑运维过程中的各类数据进行收集与反馈，支撑策划阶段的设计任务书的制定，才能形成"前策划后评估"的完整闭环。

遗憾的是，在高速的城镇化发展中，我们放弃了很多复盘与纠错的机会，相关问题无法及时修正，想避免这一现象必须依托于数据的支撑。数据早已成为国家基础战略性资源和重要生产要素，目前建筑领域的数据累积远远达不到这一标准，离开了直观的数据评测，很多隐藏问题无法暴露，及时调整也无从谈起。2005—2015年，我国超过46亿平方米的既有建筑因不再满足使用要求而被拆除，部分项目寿命甚至不到30年，低于国家二类民用建筑规范规定的1/3，造成了大量浪费。因此，建议相关部门将"前策划后评估"纳入法律程序，高度重视建筑的前期策划与审查，确保建设方向的正确性，通过后期评估的数据累积来验证理念、发现问题，从根本上为碳减排工作而努力。

  国际绿色建筑联盟旨在为绿色可持续的人居环境贡献智慧力量，可以考虑在一定程度上扩大课题的立项范围，关注一线实践者的研究动态，加强课题成果的转化落地。从小案例、小社区着手，于细微处见精神，为行业人员及社会民众提供看得见、摸得着的示范项目，真正做到有课题、有内容、有目标、有方向。

  当前，乡村振兴方兴未艾，联盟可尝试着眼于绿色新农村建设，探索适宜乡村的绿色建筑，努力消除欠发达地区对绿色技术的距离感。绿色技术不仅仅是高科技，而是应该更多地将适宜技术应用于广大的乡村地区。应当充分尊重各地特有的建筑文化与建筑空间形态，有效结合绿色理念，真正将绿色科技成果惠及千家万户。

（采访于2021年6月）

庄惟敏院士团队部分项目介绍

2008北京奥运会射击馆

01/2008北京奥运会射击馆

　　该项目以"林中狩猎"为理念，强调建筑的人性化色彩，给人以温暖、舒适、亲切的感受。建筑外部形态构思延续林中狩猎的设计理念，在建筑形式上呼应原始狩猎工具弓箭的抽象意向。建筑设计采用将屋面与入口台阶连成整体的处理手法，由此形成的折线弧形开口成为整个建筑群特征鲜明的主题，在资格赛馆的五个主要观众出入口处重复呼应弧形主题。在二层、三层主要观众休息区域的幕墙外侧采用铝型材热转印木纹肌理竖向遮阳百叶的处理，形成引发人们联想的抽象的森林意向。在建筑功能布局上，为所有靶位创造尽可能均等的比赛条件。赛馆内部从北向南，分别设置靶场射击区、裁判区、观众坐席区、绿色中庭、观众厅等几个功能片段，比赛厅都按照相同的剖面功能关系，水平延伸这种布局关系，保证全部靶位的南北向、均好性。

国家电网公司电力科技馆

02/国家电网公司电力科技馆

　　该项目是我国第一个对外开放可供参观的220千伏运行变电站，也是北京电力科技馆最重要的展示厅之一。项目将科技馆与变电站作为整体进行设计，是市政商业地块混合利用的典型案例，为我国新常态下城市用地存量的优化开发提供了新思路。由若干小体块组合而成的建筑主体消解了高层建筑对城市历史街区的视觉压迫，形成了丰富的建筑表情。建筑表皮设计致力于体现建筑与城市发展的关系，在材料的使用上采用具有历史感的石材与现代节能玻璃幕墙相结合的处理手法，不同材料交融砌筑，应对周边城市环境肌理。

　　该项目既是工业建筑、民用建筑规范双重应用的典型案例，也是北京第一个在地下220千伏运行变电站上整体建设的高层建筑，为后续城市用地存量优化积累了宝贵的技术经验。

延安大学新校区

03/延安大学新校区规划

    该项目位于延安市新区西北部，总用地面积85.53公顷，总建筑面积57.5万平方米。校园总体设计汲取"黄土文化"这一延安地域文化核心构成要素，结合"退台窑洞"这一极具标志性和延续性的建筑符号，秉持"以学生为中心"的理念，打造了庭院广场、廊下空间、庭院空间等一系列学习交往空间；坚持"节约资源，保护环境，减少污染，适用高效"的绿色校园理念，整合运用各种低碳节能技术，使延大新校区成为可持续发展的绿色生态校园；通过能源监控系统、数据中心、协同办公系统、多媒体教学系统等智慧系统，将"智慧"融入教学、科研、管理和生活中的各个方面，给师生带来更加安全、便捷、人性化的校园环境。

    延安大学新校区的建筑风貌和校园环境与黄土高原风貌呼应契合，突出厚重、质朴、大气的特点，让厚重的历史感和荣耀感在焕发出新的时代魅力的同时，又体现不忘初心的人文气息，成功打造了一个体现延安精神内涵及地域文化特色的新地标。

提升建筑室内外空气品质 共建人类健康家园

李玉国

香港大学讲座教授

Indoor Air主编

国际绿色建筑联盟专家咨询委员会专家

李玉国教授一直致力于建筑与城市环境研究。2003年"非典"（SARS）暴发期间，李玉国教授带领团队研究发现了"非典"病毒空气传播的证据和机理，揭示了短距离空气传播和表面接触颗粒传播，推动了相关领域研究。新冠肺炎疫情暴发以来，李玉国教授及团队研究了疫情在建筑环境及长途巴士中的传播方式，提出疫情的短距离吸入传播路径，并被世界卫生组织认可和采用。他参与编写世界卫生组织新冠控制指南等多个相关文件，提出城市热岛与冷岛效应共存的现象与机理，解释了城市形状对城市热岛环流（热穹隆）的影响和我国华北雾霾的小城市现象。李玉国教授曾获北欧供暖通风与卫生工程学会约翰·里德伯金奖等多项国际学术荣誉。

气候变化关乎地球上所有生命的生态系统，关乎人类文明的发展。建筑、城市是人类文明的重要组成部分，是全球能源消耗的中心，也是碳达峰、碳中和的关键战场。随着社会发展，人们对建筑和城市的健康舒适性能的需求不断提高，因此，实现碳达峰、碳中和应更加改善建筑健康舒适性能。建筑、城市的健康性能同属一个系统，相互影响、相互成就。在中尺度风弱情况下，城市中能源消耗产生的热量如不能及时排除，热岛现象将加剧，形成城市热穹窿。热穹窿像是一座千米高山，会进一步阻挡中尺度风流，从而加剧中尺度大气变暖。本质上这是城市设计问题：城市内的密集建筑就像密集的森林，导致风速变缓，削减了城市中热量和污染的排除能力，建筑物内产生的热量和污染又是城市热量和污染来源之一。所以，要实现碳达峰、碳中和目标，需要将城市规划、设计、改造和建筑设计、运行紧密结合，通过改善城市通风，优化城市空气环境。碳达峰、碳中和目标的提出为建筑物健康性能的全面提升提供了契机。每个单体建筑都是城市的一部分，要系统地考虑问题。对于城市热岛环流，我们可以把每个建筑比喻为一个点燃的小蜡烛，成千上万个火苗汇聚成一片大火，在逆温层作用下形成城市热穹窿。这也意味着，每个单体建筑的设计都会影响热穹隆的形成，设计师应当尽可能多地运用绿化，减少混凝土的使用，从而减少建筑能耗。这需要跨学科合作，以集体思维优化城市建设方案。

新冠肺炎是一种呼吸道传染病，大多在通风不良的室内环境中传播，截至2021年8月，全球有约1.8亿人因此被感染。可以说，新冠肺炎疫情蔓延是一个室内空气质量问题，或者说室内空气质量危机。对此，我有两个建议：

第一，危机带来革命，18—19世纪的环境危机带来了卫生革命，城市空气污染危机带来了城市空气革命。国家和城市政府为水污染、大气污染排放立法，成功改善了环境，大大减少了相关疾病的传播。建议建设工程领域各专业人士倡议推动立法，来改善室内空气质量需求，为人民群众健康安全提供保证。第二，研究发现，高活动量空间中防治呼吸道传染病传播所需求的通风量远远大于一般空气质量需求。对于一些重要建筑，例如敬老院、餐厅、医院、健身房、舞厅等公共场所，可采用平疫结合的设计，一旦出现疫情，建筑防疫系统可以及时启动。通过减少防疫能耗，在保证疫情有效控制的同时，为碳达峰、碳中和目标的实现作贡献。

科学技术创新是碳减排关键要素，其发展离不开数据。对数据的观察、收集可以带来新假设、新理论，进而带来新技术、新发展，我们处在一个大数据时代。希望国际绿色建筑联盟可以在全球尺度上，推动开发安全的数据收集、共享系统，为建筑技术创新提供更全面数据支撑。虽然数据有一定的敏感性，但是在一定条件下，有些整体数据可以通过脱敏方式处理后公布并共享，比如一个城市的建筑能耗分布。如何收集、整理和共享不敏感的数据将是一个挑战。新冠肺炎疫情期间，全球成千上万个暴发案例被报道，却只有广州一个小餐馆的室内环境和相关接触人员行为数据是全面完整的。科学家们花了16个月的时间才说服世界卫生组织在2021年4月底接受新冠病毒的正确传播途径。如果我们能及早弄清楚传播的正确途径，很多人可以免于感染，免于因此带来的死亡。

（采访于2021年8月）

李玉国教授团队部分项目介绍

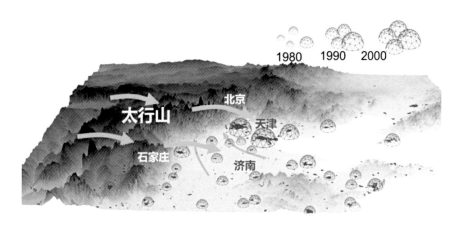

华北平原地区20世纪90年代雾霾转变解释模型

01/揭示城市变暖、风力弱化和雾霾耦合现象的新机制

李玉国教授团队以建筑物理思路研究城市热岛和城市空气流动对城市空气污染的作用。利用作为最密集最高城市之一的香港的城市气候和形态历史数据，研究微弱背景风和稳定分层环境下的城市热湿气候和风环境问题，通过香港、广州及昆明等地实地测量，识别和解释了香港和其他城市的城市热岛与冷岛共存的现象。

同时，团队还通过水箱实验发现城市形状影响热岛环流，提出多边形城市假设，解释了城市温度不对称变化现象。研究结果显示，在静风条件下，城市形状可以显著影响城市风分布。城市和农村地区的气温日循环完全不同，而年循环的相位和振幅相似，即城市尺度的人为作用大多影响气温日循环，而不影响年循环。这一研究成果为设计多尺度复杂的城市环境提供了基础。

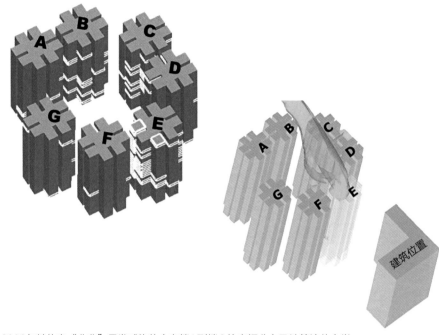

2003年某住宅"非典"暴发感染住户在楼A到楼G的空间分布及计算流体力学预测的源病人病毒气溶胶热羽流对比图

02/发现传染病病原体在建筑环境中传播的新机制

　　2003年"非典"疫情期间，李玉国教授带领团队揭示了"非典"病毒在空气传播的重要证据，得到了国际上的广泛认可，研究结果在2004年新英格兰医学杂志上发表后，许多国际研究团队、工程师和病毒学家逐渐开始关注并共同探讨传染病病原体气溶胶环境传播机制。

　　李玉国教授团队确立了传染病近距离传播的机制，即邻近效应，相比于飞沫传播（大液滴），更应重视短距离的空气传播；团队利用摩擦学和接触力学原理，发现表面触摸传播中的病原体颗粒传递机制，即颗粒接触传递原理；发现并研究建筑环境中的表面触摸/污染网络，阐述表面触摸网络是表面接触传播的重要机理。

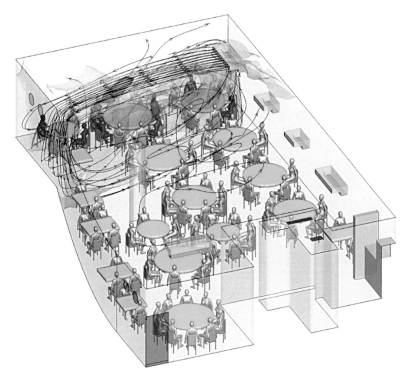

广州某餐厅新冠肺炎暴发时的可能空气流动分布预测图

03/重新定义新冠病毒的传播途径以及新冠病毒的通风干预方法

　　自2020年1月以来，李玉国教授团队一直积极坚持开展新冠病毒传播的研究，与香港、广东、江苏和湖南疾病预防控制中心合作，研究了20多起新冠肺炎暴发案例，包括15起高层住宅的垂直暴发案例，为全球提供了新冠病毒空气传播的首个证据。重新定义了新冠肺炎大流行期间吸入、喷洒和接触的传播途径，2021年5月被美国疾病预防控制中心采用，为WHO、ASHRAE和REHVA制定通风指南作出贡献。团队的研究成果还为香港特别行政区对所有堂食餐厅实施新的通风要求提供了必要数据支撑。团队提出的烟囱效应有效解释了高层建筑垂直暴发时各户之间的垂直分布，为改善高层住宅排水系统提供科学依据。

多元素整合
推进超低能耗建筑发展

刘少瑜

香港大学荣誉教授
深圳大学访问教授
国际绿色建筑联盟专家咨询委员会专家

　　刘少瑜教授长期从事建筑物理环境、绿色建筑和可持续发展的教学、科研和实践工作。参与了广东增城歌剧院、天津于家堡区等项目实践，其成果获多项国际建筑设计竞赛奖项。

在城市和经济快速发展的背景下，能源和环境矛盾日益突出，碳达峰、碳中和目标的提出，是我们勇于承担责任的表现。在此大背景下，如何降低建筑能耗，提升建筑用能效率，是每个建筑师都要直面的问题。建筑的设计、运营、管理、使用、拆除将会直接或间接影响城市碳中和的成效。近期我与相关学者进行讨论，我认为，建筑师不但要考虑美学、理论、空间、文化遗产、环保、经济等，更应关注多元素的整合、多种理念与技术的整合，达到建筑节能和减排目标。

自2020年开始，我国积极落实碳达峰、碳中和重大决策，已上升至国家战略和长远高度。"碳"将是未来十年建筑行业国家环保新动态。国务院《2030年前碳达峰行动方案》也于2021年10月26日发布，对"推进城乡建设绿色低碳转型"及"加快提升建筑能效水平"提出了要求和指导。根据联合国环境署相关报告，以及中国建筑节能协会能耗统计专业委员会《中国建筑能耗研究报告（2020）》可知，建筑业依然是城市发展中主要能源消耗者之一。基于工业、建筑、交通三大减排领域，建筑业所占碳排放比例未来将达到51.3%左右。建筑业节能减碳是实现中国碳达峰、碳中和目标的关键一环。

对于建筑行业而言，也是一个潜力巨大的契机。同发达国家相比，我国建筑节能仍处于发展阶段，但随着未来城市化进程的不断推进，我国建筑领域将释放巨大节能减碳潜力。预计到2050年，我国将存在7万亿至15万亿元的市场总容量（近零能耗建筑规模化推广，政策、市场与产业研究[R].中国建筑科学研究院，2020），潜力巨大。建筑在迈向更优节能减排的方向上，基本技术路径是一致的。我国已在2019年颁布国家标准《近零能耗建筑技术标准》GB/T 51350—2019，在国际上率先提出了迈向零能耗建筑的"被动优先、主动优化、可再生能源最大化"三大技术路径。我基于三大技术路径作出提升和补充，提出闭环的第四大技术路径：以使用者导向的建筑人因设计理念，结合人因与建筑设计，整合管理与使用，进一步优化建筑和空间设计，达到减排最终目的。

下一步应推进超低能耗建筑发展，强化建筑设计手法的节能、减排及碳汇能力，成为面对气候变化和"碳中和"达标的优选策略之一。具体建议从以下几个方面进行尝试。

（1）被动优先

采用被动式技术（Passive Design）和提升围护结构（Building Envelope）性能降低建筑的供暖空调能量需求；气候适应性地、因地制宜地降低建筑供暖空调能量需求，在设计的过程中，充分利用建筑方案和设计中的被动式措施降低建筑的负荷。

（2）主动优化

通过主动式能源系统和设备的能效提升降低建筑能源消耗，包括提高新风热回收效率、提升输配系统设备（水泵、风机）的效率、提升建筑冷热源（锅炉、冷水机组）系统的能效来降低建筑能耗等。

（3）可再生能源最大化

通过使用可再生能源系统对建筑能源消耗进行平衡和替代。充分挖掘建筑物本体表皮、周边区域的可再生能源应用潜力，对能耗进行平衡和替代。

（4）人因设计及建筑后评估

人因调查与建筑设计进行结合，通过调查的基础数据进行评估，并进一步对新建建筑和空间提出合适的反馈建议，以达到降低建筑能耗的目的。建筑使用后评估可以深入了解建筑的碳排放、用户使用感受以及建造和运营成本，对精准实现建筑"减碳"和"零碳"的成效至关重要。

对于城市更新过程，如何将各个功能空间充分衔接，满足人们日益增长的生活和文化需求，是所有建设者面临的问题。在老旧住区改造中，要对"新"和"旧"进行抉择，保留既有建筑"灵魂"，对其进行更新提升，以适应新时代人民群众的生活和需求。如何让原先的居民与新模式、新技术以及物联网时代带来的变化互相磨合与适应，也是需要解决的问题，城市更新应秉持"以人为本"的思想理念。

　　国际绿色建筑联盟把国内外绿色建筑领域的专家、学者及行业推动者联合起来，是非常好的行动。在此建议联盟在绿色建筑推广模式上多做尝试，可借鉴国际竞赛模式，让高校学生参与到绿色建筑设计和实践中来；把绿色建筑作为科普教育的一部分，推广至中小学，推动绿色建筑理念的传播。政府可通过项目示范和资金引导，推动绿色建筑发展，促进"产学研"进一步融合与落地。

　　同时，应充分发挥联盟专家团队的作用与力量，鼓励、引导建筑师、工程师等相关设计人员，通过设计优化和技术集成，推动建筑全生命周期的绿色和节能，助力碳达峰、碳中和目标的实现，体现建筑行业应对气候变化挑战的重要担当。

（采访于2021年8月）

刘少瑜教授团队部分项目介绍

港珠澳大桥隧道口

01/港珠澳大桥隧道口减光设计

　　该项目是由科技部牵头支持的多项技术性专项研究。刘少瑜教授率领团队与广州大学和天津大学合作进行研究，以分析港珠澳大桥人工岛隧道出入口的日光安全设计。刘少瑜教授的团队对比及评估中国及国际标准并且利用计算机模拟及评估日光设计策略达到人眼舒适安全要求。该研究基于评估改进并提供了技术建议，成果最后由科技部专家团队验收通过。

香港中环新海滨区域

02/香港中环新海滨城市可持续设计研究

　　香港中环海滨区扩建的区域包括从中环码头延伸至香港会议展览中心，主要包括中央填海计划第三期（CRⅢ）和湾仔发展计划第二期（WDⅡ）项目下的新填海工程。刘少瑜教授团队协助开展了这项城市设计的可持续性整体评估，重点包括注入多元化用途和朝气活力、与海滨融合的发展密度、融合自然环境和周边发展、畅达性和行人通道连贯性、尊重历史文化脉络、提倡环保设计及绿化等。该可持续设计的最终报告已在香港特别行政区官网发布，供公众查询。

香港大学百年校园会议中心

03/香港大学百年校园会议中心

  项目占地面积6000平方米，由一个可容纳1000人的演讲厅、多个报告厅和教室组成。刘少瑜教授担任该项目的前期声学顾问，通过对会议中心的座位、舞台、场景以及视线路径进行研究，与其他类似项目对比分析，确定本项目最优的空间容积，提出最优的舞台及座椅布置方案。

榜鹅新城

04/榜鹅新城（Punggol）"亲生命性"可持续
研究

　　该项目是由裕廊集团JTC（新加坡）邀请刘少瑜教授团队为榜鹅生态新城（新加坡）规划与设计方案进行的可持续绿色设计之亲自然可行性研究。该研究结果制定了设计指导参考性标准，并于国际刊物发表。

着眼建筑健康
实现全方位人文关怀

孟建民

中国工程院院士
全国工程勘察设计大师
深圳市建筑设计研究总院有限公司总建筑师
国际绿色建筑联盟专家咨询委员会专家

　　孟建民院士长期从事建筑设计及其理论研究工作，主持设计了渡江战役纪念馆、玉树抗震救灾纪念馆、香港大学深圳医院等各类工程项目200余项。曾荣获梁思成建筑奖、光华龙腾奖中国设计贡献奖金奖、南粤百杰人才奖等奖项。

改革开放以来，我国建筑领域开始学习、吸收欧美先进理念与技术，但由于自身基础薄弱，在学习过程中，往往注重追求建筑形式与表象。实际上，建筑设计的根本目的是解决使用者的需求，相比于建筑形象的独特性，建筑师应将人在建筑中的舒适度与体验感放在首位。这可以具象为三个要素，即健康、高效与人文。健康应当摆在至关重要的位置上。在此基础上，考虑建筑能效、功能关系配比等使用效率方面的问题，消耗最少的能源来满足建筑的使用要求。最后，注重建筑的人文关怀，满足人们对美学与文化层面的追求。以上三要素是衡量建筑是否是高品质建筑的标准，也是建筑师应认真总结反思的三个问题。

总设计师制是为解决城市设计管控模式问题而生的新兴制度，也是为了提升城市规划建设水平而必然产生的一种路径尝试。早在20世纪80年代初，苏州在相关城区规划实践中就已经尝试运用了总建筑师制。随着城市发展和设计决策复杂程度不断提高，城市设计和运维呼唤一种全过程、体系化的管理决策理念与模式。当下我们所倡导的总设计师制度，是在前人经验基础上总结形成的"升级版"，涉及城市建设过程中包含的所有要素的统筹协调。践行总设计师制应注重前瞻性思考，摆脱单体建筑设计的桎梏，根据城市发展需求进行动态性、体系化的规划设计监督。因此，我们可以将动态性、协同性和前瞻性视为当下总设计师制度的三大特点。

"双碳"战略是国家的重大决策，也是对过去粗放式城乡规划建设和建筑设计的总结反思与应对举措。要彻底贯彻"双碳"战略，需要在城乡规划、建设、运维和日常工作、生活各方面树立低碳理念共识，积极探索精细化、科学化、系统化的节能降碳路径，形成"领导层重视、管理层落实、全社会响应"的联动机制，真正做到全民低碳行动。在建筑层面，要让建筑的配套设施和功能充分发挥作用，对既有建筑的运营数据进行动态评估、调试；通过评估与后评估手段，实现建筑精细化管理；完善政策机制和技术标准，对运行能耗等数据不达标的建筑进行改造优化，以深入、扎实的行动助力建筑领域减碳目标的实现。

国际绿色建筑联盟作为一个交流创新平台，应当充分发挥智库作用，做好政府参谋助手。针对城市建设管理过程中的痛点问题，设立科研课题，探索解决方案，贡献专业智慧推动绿色城乡建设高质量发展。

（采访于2021年10月）

孟建民院士团队部分项目介绍

南京江北新区市民中心

01/南京江北新区市民中心

　　项目位于南京市江北新区，是新老城区交汇处的地标建筑。设计团队希望市民中心既能展现出较高的可识别性，又能真切地承载多样化的场景，成为城市活力的原点。

　　市民中心由两个巨型圆盒组成，两盒相叠后缓缓开启。底层圆盒为市民活动中心，内部有一座静谧的园林，多个开放入口将其与城市公园及公众生活紧密相连。超长的扶梯则直达上层圆盒，将市民引至空中规划展厅，在此可远眺滚滚长江与主城。圆盒由白色梭形百叶均匀包裹，在昼夜环境交替下，呈现出轻盈梦幻的意境，激发着市民对建筑的探索兴趣。

渡江战役纪念馆

02/渡江战役纪念馆

渡江战役纪念馆，是为纪念中国解放战争与缅怀英雄先烈而建设的文化教育基地。建筑通过简约、象形的表现主义手法表达"渡江""胜利"两大主题。设计采用GRC复合材料，构筑两块"漂浮"于水面上的大型前倾三角形体，特殊的纹理与触感在增加建筑分量感的同时，传递出一种历史的厚重感，整体展现出势不可挡的力度与动感。

玉树抗震救灾纪念馆

03/玉树抗震救灾纪念馆

　　2010年，青海省玉树藏族自治州发生7.1级地震。地震后，中国建筑学会代表住房和城乡建设部为玉树重建组织了建筑师集群设计，孟建民院士主持创作了玉树抗震救灾纪念馆。方案以格萨尔王宾馆地震遗址为展示主体，纪念馆主体隐于地下。新旧建筑"一隐一显"，通过控制地上体量，尽可能突出遗址本身的视觉震撼力和纪念意义。

香港大学深圳医院

04/香港大学深圳医院

　　香港大学深圳医院是深圳市政府"十一五"期间投资兴建的最大规模公立医院，也是首家深港合作的公立医院。医院结合深圳地域气候特点，采用多种创新设计手段。设计通过构建宜人的生态型微循环系统、先进的诊疗中心模式、人性化的立体交通接驳系统打造医院独特的人文关怀，是生态型医院的典型代表作品。

胜景几何
绿色冬奥的探索和实践

李兴钢

全国工程勘察设计大师
中国建筑设计研究院有限公司总建筑师
国际绿色建筑联盟专家咨询委员会专家

　　李兴钢大师长期从事大型复杂建筑设计研究与实践工作,主持了一大批大型复杂建筑设计项目,代表作有国家体育场、国家雪车雪橇中心、国家高山滑雪中心、元上都遗址博物馆、绩溪博物馆等。主持了"十三五"国家重点研发项目、北京市重点科技研发项目等一批科研课题,创立了"胜景几何"设计理论和"工程建筑学"设计方法。出版专著12部,发表学术论文70余篇,曾获中国青年科技奖、亚洲建筑师协会建筑金奖、全国优秀工程设计金/银奖、全国最美科技工作者等荣誉。

北京冬奥会延庆赛区项目简介

延庆赛区作为2022年冬奥会和冬残奥会三大赛区之一，其核心区位于延庆区燕山山脉军都山以南的海坨山区域，风景秀丽，谷地幽深，地形复杂，用地狭促。建设了国家高山滑雪中心、国家雪车雪橇中心、延庆冬奥村、山地新闻中心以及大量配套基础设施，是最具体育、场地、生态和文化挑战性的冬奥赛区。

延庆赛区总体规划设计理念是"山林场馆，生态冬奥"。项目团队研发了冬奥会高山滑雪场馆和雪车雪橇场馆设计、建造和运行技术体系，构建了冬奥雪上体育场馆设施与生态环境的协调共生技术体系，提出了规划-设计-建造-运维全过程冬奥遗产长效利用技术体系，实现场地、场馆和交通基础设施与自然环境和生态系统的适应和协调，打造了地形复杂、地质脆弱、气候严苛、生态敏感、场馆集约等建设条件下的绿色冬奥工程范例，形成国际领先的创新成果，在工程层面使我国雪上场馆建设能力取得突破性进展，建成竞赛场馆填补了我国高难度雪上场馆建设空白，高质量满足冬奥赛事需求，分别被对应的国际单项体育组织认证评价为"世界领先的高山滑雪和雪车雪橇场馆"，并实现了服务冬奥会与经济、社会可持续发展的新路径。

"胜景几何"理念强调人工与自然的交互关系，通过将"自然"纳入建筑本体要素之中，实现使用者的诗意栖居。作为绿色办奥思想的具体实践与探索，这一理念在冬奥会延庆赛区的设计中被转化为"山林场馆，生态冬奥"的规划设计理念。

"山林场馆"意味着低调消隐的建筑哲学，通过规划设计将场馆巧妙融合在自然山林中，实现建筑景观与青山绿水的有机融合，打造"山林掩映中的场馆群"；"生态冬奥"则要求冬奥会场馆建设运行、赛事

国家雪车雪橇中心西南方向鸟瞰

活动等与生态环境高度协调，实现延庆赛区独特、历史人文和生态环境资源的保存与增进。

　　为实现这一规划设计理念，冬奥会延庆赛区的场馆设计建设各有考量。虽然都是依山势而建，但各个场馆特点不一，国家高山滑雪中心以"珠链式布局"散落在山间，国家雪车雪橇中心被顺势而下的赛道连接成一个整体，延庆冬奥村是建在台地上的合院建筑，山地新闻中心则是覆土建筑……

　　国家高山滑雪中心借鉴传统山地民居"干阑式"的建造方式，顺应地势打造"立体的人工土地"，合理配置永久建筑、临时设施以及雪上场地数量和规模，实现场馆的可持续利用和环境的可持续发展。同时，以"弱介入、可逆式、装配化"的建筑架构，在不破坏山地环境的同时提升施工效率及品质。山顶出发区采用嵌入山体式的设计方法，使其最高点与小海坨峰顶齐平，既表达对自然的敬畏，又达到保温、避风的功能需求。

国家高山滑雪中心

山顶出发区

集散广场及竞技
结束区

　　国家雪车雪橇中心坐落于山体南坡的山脊之上，其北侧最高点至南侧最低点高差约有150米，平均自然坡度超过16%。针对这一地形特征，设计团队结合赛道形状、自然地形、功能需求等，研发打造了一套专用的"地形气候保护系统"，配合遮阳设施的启用，有效地保护赛道冰面免受各种气候因素影响，确保赛事高质量进行，并最大限度降低能源消耗。遮阳棚屋顶结合悬挑结构体系的力学特点，在满足结构合理受力的同时，设置可沿屋面通行的屋顶步道，满足人们观看比赛与领略美景等多方面的需求，成为延庆赛区颇具特色的建筑景观。

由北向南俯瞰国家雪车雪橇中心

屋顶和步道

　　延庆冬奥村位于延庆赛区核心区南区东部，山林环抱，其规划布局、交通组织、建筑形态、景观营造都围绕这一特点展开。通过场地台地化处理，逐渐消解地形高差。采用山地村落的分散式、半开放院落格局，自北向南顺地势而建，构建具有"山居"特色的现代聚落空间。建筑朝向顺山势扭转，利用台地错落有致地布置若干合院。合院均向景观侧开敞，借四方胜景，将山林框景入院，使建筑群掩映于林木之间，达到建筑与山林共生的状态。

冬奥村南侧全景

安检广场原地保留的树木

运动员组团间花园南望

　　山地新闻中心是冬奥会延庆赛区内的非竞赛场馆之一，同时也是一座近零碳示范建筑。采用半覆土式的设计，80%的建筑被掩藏于山体地貌之下，与周边山体自然衔接，通过多项被动式技术降低建筑运行能耗，同时利用大空间天窗加光伏一体化系统为空间补充能源。

山地新闻中心东北侧山地覆土

　　延庆赛区的基础设施系统包含交通运输、供水排水、能源供应、邮电通信、环保环卫五大系统，是"山林场馆，生态冬奥"理念不可或缺的重要组成部分。设计团队充分挖掘各场地既有的自然特征与人文脉络，建立与功能布局的内在联系，沿山体地形穿插叠落于山谷之中，使基础设施建筑成为大地景观中的积极角色，融入整体塑造的宏观文化语境。在完全满足功能工艺需求的基础上，加强基础设施与使用者及公众之间的互动，避免其成为公共性"盲区"。

一级泵站及综合管廊监控中心外部西南人视

造雪引水及集中供水工程二级泵站西南半山人视

延庆赛区面临四大挑战

（1）国家高山滑雪中心、国家雪车雪橇中心场馆对安全性、竞技性要求极高，国内的相关场馆设计、建设、运行几乎零经验，这是技术方面的挑战。

（2）延庆赛区之前无任何基础设施建设，峻险陡峭、狭促集约的地理环境与冬奥会大规模的场馆建设及赛时运行形成鲜明对照，这是环境方面的挑战。

（3）项目所在地风景优美，生态敏感，场馆建设及长效利用与自然生态之间的协调关系成为重中之重，这是生态和可持续方面的挑战。

（4）如何通过冬奥会这一国际窗口传播当代中国文化形象，这是文化方面的挑战。

从飞机上俯瞰延庆赛区

木瓦屋面

延庆赛区环境特殊，超大规模的自然场景、依托于重大赛事活动的特殊场馆建筑群，与建筑师习惯的城市单体运动场馆设计要求截然不同。基于这一背景，设计团队创新推出了"以设计带需求、以场馆带规划、以科研带工程"的工作方式，针对特定技术问题开展设计研发工作，解决工程难题。

首创可持续设计专业，实现可持续、绿色低碳技术从理论到实践的转变，将特定的运动赛道、场馆构型、建造方式与赛场地形利用、气候控制与环境维护等交互整合，开创性地实现了"可持续的工程化"。

石笼墙立面

赛区大量运用木结构，建筑屋面木瓦应用超过7万平方米，实现建筑储碳目标；延庆冬奥村外墙大量使用了建造过程中开挖出来的天然石材进行破碎填充而成的"石笼墙"构造，既遵循"绿色办奥"理念，又与周围自然景观相得益彰。

由北向南俯瞰延庆冬奥村

为了保护赛区内生态敏感性，团队专家通过对高山草甸、泉眼、天然次生林、重点野生动植物保护区等各类生态敏感因子进行划定、标注，落实赛区内部生态保护措施，体现"生态环保可持续冬奥"。

总体而言，整个延庆赛区大到场馆的设计和运维，小到每盏风光互补的路灯，全部运用清洁能源，深入贯彻"绿色办奥"的指导思想。

相比于其他运动项目，冰雪运动对自然环境及地形条件的依赖程度更高，这使得运动员及观众能更加贴近自然，感受人与自然互融共生的和谐关系。在我看来，这正是"绿色"场馆的意义所在。

小庄户村遗址是在延庆赛区项目建设现场踏勘时才发现的。遗址约3300平方米，包括院落遗迹、房屋遗迹、地窖遗迹、道路遗迹及水井、碾盘等附属文物。项目团队运用"修旧如旧"的修缮手法，将其转化为独具中国传统村落文化的冬奥村公共空间和文旅景观。同时，冬奥村附近的西大庄科村也被重点保护和改造提升，形成一个鲜活的中国当代北方山村文化展示区，并为冬奥赛事及未来冰雪运动产业提供服务。这样，"过去时"的小庄户村、"原住民"的西大庄科村与"新住民"的延庆冬奥村遥相呼应，象征着中国山居文化的过去、现在和未来。

小庄户村遗址现状草图

小庄户村遗址修整后风貌

西大庄科村

　　目前，我国城镇建设已进入存量时代，城市更新过程中必然会面对历史遗产保护与改造的问题。对此，我秉持"新旧相生、长效利用"的改造原则。历史遗产是特定时期人们生活方式及时代精神的印证，建筑师应当审慎地考虑旧物改造的得失，将历史遗产与新需求、新技术相结合，使其在新时代焕发出与时代发展相适应的生机，使得传统文化、精神遗产得以留存并在当代传播。

（采访于2021年11月）

做好园林"碳汇"加法
传播中华园林文化

贺风春

江苏省设计大师
苏州园林设计院有限公司董事长
国际绿色建筑联盟专家技术委员会专家

　　贺风春大师一直从事园林设计与建造工作，致力于探索中国园林的传承、发展和创新。主持和参与雄安新区悦容公园，苏州静园、虚廊园，美国波特兰"兰苏园"等国内外重大工程300余项。编著《苏州园林》《高质量发展的中国园林营造法式探索——雄安新区悦容公园园林设计》《常见园林植物识别图鉴500种》等多部学术论著。获得全国优秀工程设计奖、部省级优秀设计奖30余项；获美国人居环境奖和特别贡献奖、亚太地区文化遗产保护奖杰出奖、国际风景园林师联合会（IFLA）AAPME杰出奖等多项设计大奖。

随着城镇化发展，园林在城市景观中的重要作用逐渐显现。首先，城市景观设计应当充分结合城市山水等大空间布局，通过城市绿地系统规划稳定城市的生态安全格局；通过预留的不同类型的绿地体系，保障城市居民的绿色生态空间及文化休闲空间。同时，城市更新逐渐成为行业重点。如何在旧城改造更新的过程中，提升城市环境，为居民创造更高品质的生活空间，也是园林人当前需要面对和解决的重点任务。小而美的"口袋公园"是近几年可供参考、推广的对象。我们应当充分发挥园林设计"咫尺之内再造乾坤"的表现手法，结合实际功能需求，因地制宜、因时制宜地改造街头绿地，助力实现居民对美好生活的向往。

昆山市政府于2020年启动了"昆小薇"项目，对公共空间品质进行提升。该项目通过微更新的方式，见缝插针地对街头转角、宅间绿地、濒河废弃空间等小微公共空间进行美化，结合特色文脉体系及智慧化技术，将城市宣传与居民文娱活动相结合，使古典园林及城市文化重新融入居民日常生活。

在我看来，园林是创造美好生活的重要手段之一，城市发展得越快，人们对绿色生活越向往。我们应当充分利用园林这一融汇了文化教育活动、智慧运维系统及城市形象宣传的优秀平台，改变当下快速城镇化发展造成的千城一面的风貌，创造具有特色文化内涵的城市景观，使城市更温馨。

"绿色园林"包含两层寓意：即本体自然生态的"绿色"与结合"绿色"的技术转型发展。如何深入发掘这两个方面的"绿"，充分利用"生态碳汇"加法，为我国尽快实现碳达峰、碳中和目标助力，是当下园林人亟须探索的问题。从传统角度而言，城市应当更多关注绿色生态空间、绿色廊道体系的打造，加强以树木植被为主体的生物固碳措施。同

昆小薇——街角花园

昆小薇——铁路沿线改造

时，应致力于开发更精准的信息采集系统，完善考评体系，开展更高品质、更高附加值的绿色技术研究。通过全体园林人的共同努力，为碳减排目标贡献园林力量。

中国古典园林是中国优秀传统文化在建筑领域的诗意表达，蕴含了上下五千年来中华民族的独特审美情趣，被称为"凝固的诗、立体的画"。当下，我们应在继承传统的基础上与时俱进，从理念和技术两个方面创新。

我国古典园林大多采用木质结构，设计师可以在使用胶合木等新型木材的同时利用各类回收和再生材料，通过低碳材料的应用，实现造园材料的更新。此外，造园理念的更新更为重要。新时代背景下，人们的工作、生活方式逐渐加快，这要求园林能更快速地被感知、理解。通过融入多媒体及智慧化技术，游客能与古典园林快速产生共鸣，从而高效、生动地在游园过程中理解中国故事。

中国古典园林的形态与神韵始终与中华文化哲思一脉相承，其原始美感与独特风貌不宜嬗变。园林工作者应当掌握好传承与发展的辩证关系，在确保原汁原味的园林建设的前提下，探索"中而新，中而美，中而科学"的创新园林体系，促进我国古典园林文化不断传播发展。

（采访于2021年11月）

贺风春大师团队部分项目介绍

苏州静园、虚廓园

01/苏州静园、虚廓园

项目修建于清同治至光绪年间，因历史变迁和占用改建，两园损坏严重。静园仅存水池、曲桥与柳风桥、梅泉假山，绝大部分景点不复存在。虚廓园虽然保存有水天闲话、雪北香南楼、莲花世界、小有天假山诸景，但一些重要厅堂、庭院及景点亦已毁坏。通过对两园著名历史景观的着力恢复，现存的园林格局、山石、水体、建筑、古树名木得到严格保护；深入挖掘两园特有的历史文化信息，顺应"归耕""课读"造园思想，力求简练、朴素、典雅的园林风貌，再现了两园的神韵和风采。

兰苏园

02/美国波特兰"兰苏园"

项目地处波特兰市唐人街东北部,占地约0.8英亩(3237平方米)。以水为主体景象,周边绕以翼亭锁月、浣花春雨、柳浪风帆、流香清远、香冷泉声、万壑云深、半窗拥翠诸景。假山峰峦起伏,岩石嶙峋,一道瀑布流水直泻而下,增加了山林的无限情趣。花灌木品种有松、竹、梅、银杏、玉兰、桂花、桃、茶、荷花、芭蕉等500余种,这些植物的原产地均来自中国。花木中梅的独傲霜雪、竹的虚心有节、兰的幽谷清香、荷的出淤泥而不染,成为兰苏园中最富魅力的观赏亮点。2001年,俄勒冈州政府授予兰苏园"人居环境奖"。

虎丘湿地公园

03/虎丘湿地公园

　　项目位于虎丘后山，由于农村承包责任制及城市快速建设，人工鱼塘与工业用地吞噬自然湖面。废弃人工鱼塘水系流动性差、河道淤积，工业、生活用水排放导致水质污染、富营养化严重，使虎丘后山成为城市废弃地。设计团队坚持"先低后高、先软后硬、先绿后游"的建设原则，使虎丘湿地公园实现了两个阶段的转变：2006—2012年，以生态修复为主，实现了由废弃污染地到湿地的转变；2012年至今，实现了湿地公园到景区联动的转变，与景区联动，以湿地带动周边发展。当今仍在完善，以满足公园城市的需求。

雄安新区悦容公园

04/雄安新区悦容公园

　　项目位于雄安新区北部容城组团，占地面积约160公顷，是贯穿容城组团南北向城市空间的重要生态景观廊道，也是容城组团公共活动集聚和城市功能展开的核心区域之一。园区分为北苑、中苑、南苑三部分，采用山水造园手法，打造"一河两湖三苑"空间结构。既保留了传统园林的神韵，又彰显出当代中国园林的魅力，实现了文化价值与生态价值的高度融合，是中国园林高质量发展的成功实践，为实现将雄安建设成为"妙不可言、心向往之"的美丽城市的目标作出了贡献。

传承建筑文化　彰显人文关怀
——延续建筑理念的探索与实践

冯正功

全国工程勘察设计大师
中衡设计集团股份有限公司董事长、
首席总建筑师
国际绿色建筑联盟专家咨询委员会专家

　　冯正功大师长期致力于建筑创作，注重当代建筑与地域文化相结合的探索与实践，主持了一批在行业和江苏省内外有重大影响的建筑作品。在大量实践基础上，提出"延续建筑"创作理念并出版了专著《延续建筑　一种建筑设计创作观的探索与实践》。作品获全国优秀工程勘察设计行业奖一等奖、中国建筑学会建筑创作金奖、全国绿色建筑创新一等奖、世界华人建筑师设计大奖学术奖·优秀设计奖等荣誉100余项。

　　苏州的园林、院落等文化元素，赋予了苏式住宅强烈的地域文化特征。中衡设计集团研发中心大楼（以下简称"研发大楼"）地处姑苏，团队在设计之初就立志打造具有"中国特色"及"鲜明地域特征"的绿色建筑，使其既适应当代发展，又彰显特色文化。苏州传统宅院经过千百年发展，形成了独具特色的范式，也隐藏着被动式绿色建筑理念和技术。传统院落的布局被借鉴到了研发大楼的设计中，项目因而成为被动式技术应用的典范。

　　研发大楼集成园林、院落布局理念，在构建优美办公环境、满足功能需求的同时，充分考虑绿色要素的引入与运用。通过利用自然采光与自然通风，降低办公建筑的耗能，在确保使用者舒适的前提下，使建筑中的更多空间不用或少用空调，从而达到节能的目标。

　　人文关怀越来越成为大家对建筑进行评判的关注点，这不仅仅指对特色地域文化充分发掘与利用，使建筑能够体现城市文化背景及文脉特征。建筑设计人文关怀的最终目的，更在于不断满足使用者对美好生活的追求。在研发大楼这个项目中，设计团队充分考虑了使用者心理及文化层面的诉求，在办公空间散布了大量绿色空间与交流空间，并配置了完善的配套设施。屋顶的生态花园和农场，在展现苏州本土文化的同时，传播了生态科学相关知识，推动绿色理念进一步深入人心。

　　"延续建筑"理念来源于我多年来在建筑创作过程中形成的一些思考。所谓"延续建筑"，最重要的是强调设计师对场地的关注。

　　不同场地的物理特征不尽相同，不同时期人们的生活方式及历史故事又赋予了场地多姿多彩的人文特征。建筑师应当对场地特征进行深入挖掘与研究，提炼各类要素特点，通过恰当的设计手法，将建筑技术与

中衡设计集团研发中心大楼

使用者需求相协调，创造独具特色的优秀建筑。举个例子，苏州园林之美享誉全球，苏式宅院也独具特色。我常常思考如何将传统苏式元素与现代建筑更好融合。如果设计师能恰当运用院落空间，其作品必能蕴含中国文化的深远意境。当然，这种运用并不是单纯的形式表现上的迁移，而应当包含材料选用、建筑设计及城市记忆保留等多维度一体化的整体考量。"延续建筑"的底层理念就是以人为本，这使其必然包含绿色建筑的相关要求。

苏州大学王健法学院

2000年，我们受邀设计苏州大学王健法学院。苏州大学前身为1900年创办的东吴大学，至今已有120余年历史，因此，如何协调现代建筑与庄重疏阔的百年校园环境之间的关系，成为设计团队首要面对的问题。我们将新建建筑拆解为大小不一的两部分，与既有建筑体量相称的建筑被安置在了中轴线上，与北端钟楼正对；体量较大部分位于场地东侧，远离轴线，表达了对原有轴线秩序的尊重。同时，充分保留场地原有古树，通过五棵百年古树合围，形成扇面形半开放庭院。庭院南北分别设置风雨长廊作为东西侧建筑的连接，提供了建筑内部庭院与外部环境之间空间流动的界面，从而实现了绿色建筑理念的落地实践。

　　另一个值得一提的例子便是我们近期完成的苏州第二工人文化宫项目。项目位于快速发展中的新城区，场地周边的城市环境呈现出"新城同质化"现象，折射出城市历史文脉消逝的危机。因此，苏州第二工人文化宫的设计旨在修补建筑与城市文脉的关系，重拾城市的集体记忆。整个项目以苏州传统民居的空间布局模式进行组织。大体量的综合空间"化整为零"，依据不同动线分解为若干独立单元，有序布置于场地之中，形成苏州传统民居街巷聚落。不同聚落之间由院落连接，通过与建筑单体的有机组合，建构主次分明的室内外空间组织系统。中厅的空间借鉴了留园中部主景区，通过"悬桥""游廊"等意境的组织重构，在现代空间中很好地重现了苏州的地域风味。

苏州第二工人文化宫

　　事实上，城市更新并不是新议题，人们对美好生活的追求一直在路上，城市也一直处于结构优化、功能更新的动态平衡中。当今我们重新把关注重心放回城市更新领域，是因为高速发展的城镇化促使我们反思总结，是否真正做到了始终秉持正确理念对城市进行更新。对于建筑师而言，在城市更新过程中，首先，应当树立正确价值观，审慎考量既有建筑改造与新环境建设等问题。其次，城市更新要以尊重当下的城市状态为基础，在充分尊重当下的前提下，充分满足当代社会对新型城市功能的需求，平衡保留、重建与新建之间的关系。最后，在留存城市记忆同时，重构新时代城市秩序，摆脱"为了更新而更新、为了保护而保护"的困局，真正做到创造更好的公共空间，提升居民生活品质。

　　随着时代的发展，社会对绿色建筑的认识不断提升，各国都涌现出一批优秀的绿色建筑探索实践。国际绿色建筑联盟应当充分发挥桥梁纽带作用，立足本土，联通全球。在积极引入境外先进技术理念的同时，充分宣传推广境内优秀案例及优秀设计师，助力我国绿色建筑高质量发展。

（采访于2021年12月）

冯正功大师团队部分项目介绍

徐州回龙窝历史街区与城墙博物馆

01/徐州回龙窝历史街区与城墙博物馆

　　回龙窝历史街区项目重塑了回龙窝地区传统街巷，完成了融合传统与现代、过去和未来的城墙博物馆，它们如同抹去尘埃的历史一角，让世人得以窥知一段古彭城的过往。更进一步，团队以回龙窝为契机，链接散落的文脉遗迹，挖掘隐含的空间秩序，以恢复古城徐州的城市架构。

南京大学苏州校区

02/南京大学苏州校区

　　拥山抱水。庄里山是场地中独特的地理基因，项目将山林空间向两侧延伸，建筑组团布局朝向景观打开，形成建筑与自然相互交织的空间层次；将周边原有水系引入场地并进一步串联，形成山水交映的格局。

　　成院得园。在校园近人尺度设计中，项目借鉴传统的造园手法和造园要素，以东部校区教学楼设计为例，中庭、边廊、庭院等不同类型和丰富多义的庭院设置，创造出了衔接传统地域文脉基因与新校区营造的校园环境。

绵竹历史博物馆

03/绵竹历史博物馆

　　项目场地位于四川绵竹市老城区诸葛双忠祠内。2008年汶川大地震后，博物馆的设计与双忠祠的保护性修复同步开始。

　　项目选择川西传统民居作为研究对象，院、溪、塘、谷、峰被转译于博物馆空间之中；遵循就地取用材料的设计原则，将温润细腻的U形玻璃与粗粝沧桑的当地石材相咬合，通过材料的新与旧，实现建筑与历史的对话、传统与现代的共语。

绵竹体育中心

04/绵竹体育中心

绵竹体育中心是江苏援建绵竹时规模最大的项目，由五组主要建筑和室外运动场地组成。场地原只是一处简陋的室外游泳池及其破败的附属用房，设计对其改造与扩建，并结合健身中心成为一处重新被激活的建筑场所。

绵竹体育中心主体育场的屋面拟合"舞动的飘带"，以流动曲线的建构"漂浮"于主看台之上，飘带两端在看台北侧落地，形成北向的开口。木版年画是绵竹远近闻名的地域特色，设计从传统"画壁"的角度思考木版年画与项目之间的联系。项目结合"飘带"设置双层表皮：外层以镂刻年画图案的金属网膜拟合年画剪纸的形象，内层则以玻璃板提供围护与采光。木版年画的主题选择"希望与丰收"，通过建筑意喻某种朴素的未来期许。